도시맘은 어떻게
시골에서 영재를 키웠나

시골 유학으로 영재원에 합격한
릴리의 학습 비법

한혜진(릴리맘) ✕ 김지우(릴리)

도시맘은
어떻게
시골에서
영재를 키웠나

봄름

화진포 해당화 © 강원고성신문

공현진 수뭇개바위 파도 © 강원고성신문

울산바위 ⓒ 강원고성신문

북천 ⓒ 강원고성신문

공현진 수뭇개바위 일출 © 강원고성신문

저도 했으니
걱정 말고 떠나세요

"이 세상에서 가장 훌륭한 일, 바로 아이를 키우는 일을 하고 있는 우리." 제가 시골 유학에 관심 있는 부모들을 대상으로 줌 강의를 할 때마다, 블로그를 통해 시골 유학 정보와 저의 일상을 나눌 때도 참 많이 쓰는 말입니다. 저도 이런 생각을 하기까지 많은 과정을 겪었습니다. 엄마라는 이름을 달자마자 나로서는 포기해야 하는 것들이 늘어났습니다. 모든 부모들이 그렇듯 말이에요. 하지만 우리가 엄마이기에 이렇게 함께하고 있으니 감사해야 할 일이겠죠?

2017년 11월, 초등학교 2학년을 한 달 남기고 릴리의 시골 유학이 시작되었습니다. 릴리의 도시 학교 생활을 궁금해하는 분들이 많아요. 릴리가 시골 유학을 시작했을 즈음에는 시골로의 전학이 흔하지 않았기에 '애한테 무슨 문제가 있어서 도시에서 시골로 왔나?'라는 시선도 있었고요. 릴리는요, 도시 학교에서도 학교를 너무 잘 다니는 아이였습니다. 담임선생님이 "릴리가 등교하면 멀리서도 행복하게 걸어오는 것이 느껴져요. 그리고 그 행복한 기운을 반 아이들에게 나눠줘요"라고 말씀하실 정도였어요. 다만 도시에서는 릴리의 넘치는 에너지를 모두 발산하기에는 어려움이 있었어요. 하교 후 놀이터에 가도 놀 친구가 하나 없는 것이 현실이니까요. 그리고 궁금한 것이 많아서 이것저것 질문도 많이 하는 아이인데, 한 학급에 학생이 32명이나 있으니 선생님이 모든 질문을 다 받아주다가는 수업 진도가 안 나갈 거예요.

릴리가 시골 유학을 다녀왔다고 하면 많은 분들이 제가 처음부터 그 어떤 사교육도 안 시켰을 거라 생각하시는데, 저도 아이를 영어유치원과 놀이학교에 다 보내본 도시맘입니다. 다 경험해봤기에 시골 유학의 장점을 알 수 있었고요. 시골 유학을 하면서 점점 그 매력에 빠져들었습니다. 그래서 처음 1년 계획이 초등학교 졸업까지 이어졌고, 2022년 3월 릴리가 도시의 사립중학교에 입학하면서 시골 유학을 마무리하였습니다. 시골이라는 자유로운 환경에서 공부하다가 일반 중학교도 아니고 학구열로 불꽃 튀는 사립중학교에 릴리가 잘 적응하는지 궁금하시죠? 저도 걱정했던 부분입니다.

우선 릴리는 홀로 시골 학교에서 와 아는 친구가 하나도 없는 상태였지만 학급 임원 선거에 나가 부반장이 되었고, 수준별 반 편성 고사 성적도 우수합니다. 시골 교육은 아이의 자존감도 높여줬기에 뭐든 자신 있는 릴리입니다. 체육대회 때는 반 대표로 전교생 앞에서 혼자 춤을 추기도 했으니까요. "엄마 나는 학교가 너무 재미있어!" 이 말을 자주 하는 릴리, 초등학교 때부터 공부에 지쳤다면 지금 이런 말을 할 수 있었을까요? "시골 유학을 한다고 하면 주변에서 학업은 포기하는 것처럼 말하는 경우가 많아요. 하지만 시골 유학을 하는 이유 중에 하나는 앞으로 공부할 힘을 길러주자는 것입니다." 제가 자주 하는 말인데요. 릴리의 아웃풋을 보며 요즘 더 자신 있게 말하고 있습니다.

"릴리맘은 용기가 참 대단해요. 저도 시골 유학 하고 싶은데, 겁이 많아서 시작할 용기가 나지 않아요." 많은 사람들이 저에게 말합니다. 그럼 저는 이렇게 답합니다. "저도 했으니 걱정 말고 떠나세요." 이 책을 읽어보면 시골 유학이 그리 어렵게 느껴지지 않을 거예요. 아이의 시골 유학을 위해 기꺼이 시간을 낼 수 있는 부모라면 누구나 시작할 수 있으니까요.

그 시간을 내는 것조차 어렵다고 하시는 분들도 많아요. 현실적인 문제도 무시할 수는 없겠죠. 실제로 제 주변을 둘러보면 부모 중 한 사람이 맞벌이를 포기하고 아이를 따라 함께 내려오는 경우, 시골 학교를 보내기 위해 아빠의 직장까지 옮겨 이주한 경우가 적지 않아요. 그럼에도 모두 이 생활에 만족하며 살아간답니다. 이런 분들에게 감사 인사를 받을 때면 시골 유학의 매력이 제 생각보다 훨씬 크다는 것을 다시 한번 깨달아요.

제가 시골 유학을 결심했을 때 주변에서는 모두 의외라는 반응을 보였습니다. 저는 평소 모험을 즐기거나 새로운 시도를 하는 성격이 아니었거든요. 도시 생활에 익숙할 만큼 익숙해졌고, 시골이라는 환경을 경험해본 적도 없고 겁도 엄청 많거든요. "우린 네가 적응 못하고 바로 돌아올 줄 알았어." 시골로 이주 후 6개월쯤 지났을 때 제 친구가 한 말이에요. 그런데 1년쯤 지나니 시골 유학이 뭐가 그리 좋아서 이렇게 잘 지낼까 궁금증이 생겼다면서 도리어 이것저것 저에게 물어보더군요.

제가 처음 시골 유학을 시작할 때는 지금처럼 시골 유학이 붐이 아니었기에 정보도 별로 없었습니다. 하나부터 열까지 혼자 알아서 해야만 했죠. 어떤 일이든지 좋고 행복한 과정만 있으면 좋겠지만 그렇지는 못하잖아요. 집을 구하는 일부터 쉽지 않았고, 도시에 있었어도 생길 수 있는 작은 문제에 대해서도 '내가 시골 유학을 오지 않았다면 괜찮았을까?'라며 자책하기도 했습니다. 하지만 잘 차려진 밥상에 숟가락만 얹는 식으로, 정해진 매뉴얼에 따라 시골 유학을 시작했다면 편했을지 몰라도 이렇게 노하우를 나누지는 못했겠지요?

저는 시골 유학을 통해 어른으로서도 한층 더 성장했습니다. 시골 유학을 끝내고 도시로 돌아온 지금, 저의 삶에 많은 긍정적인 변화가 생겼습니다. 이제는 사람들과의 관계에 얽매이지 않고, 스스로의 힘을 믿고, "릴리맘은 참 용기가 대단해"라는 말에 떳떳이 "맞아요"라고 말할 수 있습니다. 아는 사람 한 명 없는 곳으로 이주해 시골 유학을 시작한 순간부터 지금까지의 시간을 돌이켜보면 이젠 무엇이라도 할 수 있다는 자신감도 생깁니다. 코로나가 끝나도 코로나 이전과 같은 세상으로 돌아가지는 않듯이, 도시를 떠나 시골 유학을 하고 다시 시골을 떠나온 지금, 저는 이전과는 완전히 다른 삶을 살고 있습니다. 아이의 학업을 위해 시골로 떠났다면 언젠가 돌아오기 마련이겠지요? 시골 유학을 생각하는 학부모 여러분도 훗날 시골 유학을 끝내고 도시로 돌아왔을 때, 내 아이뿐만 아니라 자신도 성장했음을 느끼며 흐뭇한 미소를 짓게 될 것입니다.

1장 〈시골 유학을 고민하는 부모들에게〉는 제가 시골 유학을 결정하게 된 이유와 시골 유학을 떠나기까지의 과정입니다. 시골 유학을 결정하기 전에 현실적으로 고려해야 할 것들을 자세히 알 수 있습니다. 시골 유학을 떠나려면 우선 거주지를 시골로 옮겨야 하기에 준비할 것들도, 생각해봐야 할 것들도 많습니다. 1장의 이야기를 우리 가족의 상황에 적용해보고 최대한 시행착오를 줄이시기 바랍니다.

2장 〈어서 와, 시골 학교는 처음이지?〉에는 아이의 성향에 따라 시골 학교를 고르는 기준과 릴리의 시골 학교 생활을 담았습니다. 학부모 입장에서 가장 궁금해할 부분이기에 최대한 넓고 깊게 알려드리기 위해 노력했습니다. 이 장을 읽으며 시골 학교가 우리 아이에게 잘 맞을지, 시골 학교 생활에서 무엇을 기대할 수 있을지 그려보세요. 2장을 읽고 나면 시골 학교의 매력에 완전히 빠지시리라 장담합니다.

3장 〈도시에서도 써먹는 시골 학교 공부법〉에는 현실적으로 시골 유학을 떠나기 어려운 분들을 위해 도시에서도 적용 가능한 시골 학교의 학습 방법을 모았습니다. 도시의 주요 학군 밖에서, 값비싼 과외를 받지 않고 시골 학교 수업과 온택트 학습만으로 수학 과학 영재원과 사립중학교에 합격한 릴리의 학습 비법을 공개합니다. 장소에 구애받지 않는 릴리의 온택트 공부법을 잘 활용해보시기 바랍니다.

마지막으로 저희 가족 외에 시골 유학을 온 다른 가족들의 생생한 이야기도 준비하였습니다. 다양한 시골 유학 모습을 보시면서 우리 가족에게 맞는 선택을 내리는 데 참고해주세요.

이 책은 시골 유학에 대한 정보를 주로 담고 있지만, 엄마 혜진(릴리맘)과 딸 지우(릴리)의 성장 과정도 지켜볼 수 있습니다. 시골 유학을 시작하며 비로소 아이에게 추억을 선물할 수 있었습니다. 아이는 행복하게 공부하는 방법을 배웠습니다. 그리고 앞으로 공부하고 살아갈 힘도 길렀습니다. 아이 옆에서 저도 달라졌습니다. 나의 울타리를 벗어나니 온전한 내가 보였습니다. 나를 돌아보며 지친 마음도 치유할 수 있었고 엄마가 아닌 나로 설 수 있었습니다.

이 프롤로그를 읽으며 공감하는 분이라면, 아이와 함께 성장하는 시간을 갖고 싶은 분이라면, 그리고 아이의 웃는 얼굴을 많이 보고 싶다면 나도 시작할 수 있다는 가벼운 마음으로 다음 페이지로 넘어가주시기 바랍니다.

릴리맘 혜진 씀

프롤로그 _ 저도 했으니 걱정 말고 떠나세요 ... *018*

1장 **시골 유학을 고민하는 부모들에게**

외국 학교가 더 재미있는 이유는 뭘까? ... *032*
자연 속 탈주입식 교육

도시 학교보다 부족하지 않을까? ... *038*
시골 학교의 특장점

나는 왜 시골 유학을 가려고 할까? ... *044*
시골 유학을 선택하는 이유

아파트와 주택, 어디에서 살까? ... *048*
시골에서 집 구하기

엄마와 단둘이 살아도 될까? ... *054*
아빠와 따로 또 같이

어느 시골로 가야 할까? ... *059*
지역 선택 시 고려사항

2장 어서 와, 시골 학교는 처음이지?

어떤 학교가 좋을까? ... 072
시골 학교 고르는 기준

학교에서 무엇을 배울까? ... 077
시골 학교의 교육법

아이의 세상이 너무 좁아지지 않을까? ... 082
온 동네가 함께하는 운동회

아이들끼리만 놀아도 괜찮을까? ... 088
자기주도적인 토요 모임

경쟁 사회에서 멀어져도 괜찮을까? ... 093
품앗이 교육으로 쌓는 자기효능감

예체능도 잘 배울 수 있을까? ... 099
사교육비 부담 없는 예체능 수업

학부모 참관 수업은 어떻게 이뤄질까? ... 105
부모와 함께하는 캠프

영어는 포기할 수 없는데 괜찮을까? ... 109
원어민 선생님과 영어 캠프

소수만 누리는 혜택은 아닐까? ... 114
모두에게 공평한 교육의 기회

지금 잠깐만 도움 되지 않을까? ... 119
힘들 때 찾아올 마음의 고향

3장 도시에서도 써먹는 시골 유학 공부법

학원에 안 보내도 괜찮을까? ... *132*
엄마표 학습으로 영재원과 사립중학교에 합격한 노하우

도시와 학습 격차가 나지 않을까? ... *138*
온택트 학습 콘텐츠 고르는 법

엄마만 더 고생하는 거 아닐까? ... *143*
자기주도성을 기르는 온택트 공부법

초등학교 고학년도 가능할까? ... *147*
중학교까지 이어지는 공부법

도시에서 시골 학교처럼 가르칠 수 있을까? ... *152*
지역을 뛰어넘는 공부법의 근본

도시에서 시골처럼 여유로울 수 있을까? ... *155*
아침형 가족 습관 만들기

자연에 살면 정말 창의력이 생길까? ... *160*
도시형 아이의 자연 활용법

에필로그 _ 시골 유학을 시작하는 친구들아 ... *172*

부록 Ⅰ _ 다른 엄마들의 시골 유학 후기 ... *175*
부록 Ⅱ _ 시골 유학 준비 체크리스트 ... *188*

외국 학교가 더 재미있는 이유는 뭘까?

도시 학교보다 부족하지 않을까?

나는 왜 시골 유학을 가려고 할까?

아파트와 주택, 어디에서 살까?

엄마와 단둘이 살아도 될까?

어느 시골로 가야 할까?

외국 학교가 더 재미있는
이유는 뭘까?

자연 속 탈주입식 교육

　　시골 유학 4년 차인 나는 외국에서 한 달 살기 6년 차이기도 하다. 말레이시아를 시작으로 태국의 방콕과 치앙마이, 사이판과 괌 등에서 적게는 보름, 길게는 한 달 남짓을 살았다. 처음 외국에서 한 달 살기를 시작한 이유는 단순했다. 영어.

　　내가 배웠던 주입식 영어 교육 방식을 아이에게 물려주고 싶지 않았다. 영어는 1, 2년 배운다고 끝나는 것이 아닌데 조금이라도 행복하게 배우길 바랐다. 다행히 여행을 떠난 곳에서 배우는 영어는 아이에게 공부가 아닌 일상의 한 부분으로 다가왔다. 영어 때문에 시작한 외국에서 한 달 살기였지만, 횟수가 거듭될수록 아이는 영어보다 더 큰 것을 배워갔다. 언어도 문화도 종교도 모든 게 다른 여러 나라에 머물며 생활하다 보니, 아이는 자신과 틀림이 아닌 다름을 인정하며 세상의 다양성을 알아갔다. 또 다양한 환경 속에서 적응력을 키워갔다. 아이의 그릇이 커지고 있었다.

외국에서 한 달 살기를 처음 시작할 때는 누구나 망설인다. 내 나라를 떠나 말도 잘 안 통하고 생김새도 입맛도 다른 나라에서 산다는 것은 용기가 필요한 일이다. 그런데 주변에 외국 한 달 살기를 해본 엄마들은 하나같이 "중독됐다"고 말한다. 아이의 영어 실력이 급격히 늘어서가 아니다. 많은 부모들이 낯선 땅에서 한 달을 먹고 자고 숨 쉬며 내 아이의 그릇이 점점 커져가는 과정을 지켜보며 한 달 살기에 매료되었다.

말레이시아에서 한 달 살기를 했을 때의 일이다. 마트에서 같이 장을 보고 있는데, 릴리가 어떤 흑인을 보고 반갑게 인사하더니 자기가 다니고 있는 어학원의 차량 선생님이라고 나에게 소개했다. 릴리는 이전까지 흑인을 본 적 없었기에 혹시 흑인 선생님이 낯설지 않았는지 궁금했다. 사실 내가 낯설어서 물어본 것도 있는데, 괜히 한 소리 듣기만 했다. "엄마, 피부색이 뭐가 중요해.

저분이 얼마나 좋은 선생님인데."

외국에서 한 달 살기는 우리나라에서만 유행하는 게 아니었다. 숙소에 가면 다양한 나라에서 온 아이들이 수영장으로 모인다. 다들 상대방 나라의 언어를 모르기에 영어가 자연스레 공용어가 되고, 서툴게 영어 단어 몇 개만 조합해 말해도 서로 잘 알아듣고 깔깔거린다. 이렇게 아이들은 금방 친구가 되었다. 한번은 릴리가 일본인 친구에게 자신이 알고 있는 유일한 일본어인 "하지메 마시데(처음 뵙겠습니다)"라고 인사하자 상대방 아이가 "하지메 마시데 투!"라고 대답해 한바탕 웃었던 기억이 난다. 잘 몰라도 부끄러워하지 않고, 잘 모른다고 무시하지 않으며 서로 가까워지려는 무해한 노력만 오가는 배움의 장. 이렇게 배워가는 것이 진정 행복한 교육이 아닐까?

릴리는 여러 나라의 문화를 일일이 책으로 설명해주지 않아도 온몸으로 체득했고, 인종차별을 하면 안 된다고 굳이 일러주지 않아도 자연스레 알아갔다. 그리고 나 역시 나를 아무도 모르는 곳에 있다는 사실에 왠지 모를 해방감을 느끼며 마음이 편해지기도 했다.

태국의 어느 학교에 답사 갔을 때가 기억난다. 교내 야외 수영장에서 학생들이 수영을 하고 있었다. 릴리가 다니는 한국의 도시 학교는 건물 증축으로 인해 안 그래도 좁은 운동장을 더 좁히는 상황이었다. 학년이 올라갈수록 학업에 매진하기 위해 체육 수업을 줄이고 점심시간이나 방과 후에 운동장은 언제나 남학생들의 차지인 것에 비하면, 이곳은 야외 수영장과 넓은 운동장 외에도 모든 아이들이 에너지를 마음껏 분출할 수 있는 공간과 기회가 많았다. 그 주변을 둘러싼 많은 나무들도 부럽기만 했다.

자연 속에서 함께하는 아이들의 모습은 행복해 보였다. 내가 교내의 잘 가꾸어진 정원을 보고 감탄하자 학교를 소개해주시던 선생님은 정원을 가꾸는 데 들인 노력을 이야기하며 "자연과 함께할 때 아이의 학습 능력도 좋아진다"는 말씀을 하셨다. 우리나라도 숲 유치원, 숲 체험, 생태학습 등 자연 친화 교육을 위해 노력하는 모습이 떠올랐다. 선생님은 자연과 함께하니 아이들의 스트레스 지수도 낮아졌다며 자연 속 학교의 효과에 대해 열심히 설명해주셨다.

미국 코넬대학교 환경심리학과 연구팀 낸시 웰즈는 도심 지역에 살던 불우한 가정의 아이들이 자연과 가까운 지역으로 이사했을 때 이사하기 전과 후의 인지 능력 차이를 연구했다. 그 결과로 "아이들은 녹색 공간에 있을 때 집중력이 높아지고 사고력도 명확해지며, 스트레스에 효과적으로 대처할 수 있다"라고 말했다. 집중력과 사고력 학원이 즐비한 한국 현실에 익숙한 나로서는 약간 의문스러운 결과였는데, 직접 자연 속 학교를 경험한 선생님의 말을 들으니 마음이 열렸다.

"엄마, 외국에서 배우는 수업은 한국보다 재미있어." 릴리는 한 달 살기를 마치고 돌아올 때마다 이 말을 자주 한다. 언어가 자유롭지 못해 더 힘들 것 같았는데 릴리는 더 행복해했다. "릴리야 여기 수업이 더 재미있는 이유가 뭐야?" "오늘 컴퓨터 수업이 있었는데 한국 학교에서도 배웠던 내용이었어. 그런데 한국 학교에서는 칠판에 써주고 외우면서 하라고 했는데, 여기서는 선생님이 한 명 한 명 알려주시고 그걸 이용해서 게임도 만들어서 했어."

아이가 재미있다고 말한 수업 방식은 그리 대단한 것이 아니었다. 선생님의 자세한 설명과 함께 직접 체험해보는 게 전부였다. 외국 학교에서 본 아이들이 표정이 밝았던 이유는 자연환경과 다양한 체험을 할 수 있는 커리큘럼 덕분이었다. 문득 내 학창 시절이 떠올랐다. 나도 이런 환경에서 자랐으면 조금 더 행복하게 공부할 수 있었을 텐데….

릴리의 교육 현실을 돌아봤다. 도시 학교는 아파트에 둘러싸여 있고 한 반에 학생은 32명이다. 자연과 함께하기도 쉽지 않고, 일일이 선생님의 손이 닿기에도 많은 학생 수였다. 단순하게 생각했다. 아파트가 아닌 자연에 둘러싸인 학교, 선생님이 손길이 모두에게 닿을 수 있는 학생 수의 학교라면 외국 학교 답사 때 봤던 아이들의 표정을 릴리에게서 볼 수 있지 않을까? 길지 않은 고민 끝에 시골 학교가 생각났다. 당연히 도시보다는 시골이 자연과 함께하기 쉽고, 학생 수도 적을 테니까.

외국에서 한 달 살기 경험은 학부모로서 아이가 행복한 교육이 무엇인지를 생각하게 해주었고, 시골 유학이라는 길로 인도해주었다.

도시 학교보다
부족하지 않을까?

시골 학교의 특장점

　　강원도 고성의 어느 학교를 찾았다. "전학 올 친구
예요?" 학교 교문에서 한 아이가 나를 바라보며 천진난만한 표정
으로 물었다. "아직, 오늘 상담 왔어." 내 대답에 아이는 알았다는
표현으로 고개를 끄덕였다. 교문을 들어서자 보이는 시골 학교의
모습은 생각보다 훨씬 좋았다. '나무에 둘러싸인 학교를 바라고
왔지만 혹시 그게 전부이면 어쩌지? 학교 시설이 낙후되었으면
어쩌지?' 같은 걱정이 드는 것은 어쩔 수 없었다. 교문 옆 실내 체
육관의 규모와 시설도 도시의 웬만한 학교보다 잘되어 있어 놀라
기도 했다.

운동장에는 흙이 있었다. 그동안 우레탄 운동장만 보았기에 '운동장은 원래 흙이 있는 게 맞는 거지'라고 생각하니 혼자 웃음이 나왔다. 운동장 한편에는 멀리뛰기 하는 곳도 있고, 무엇보다 운동장에서 뛰어노는 아이들이 엄청 신나 보였다. 게다가 릴리의 도시 학교는 학생 수 포화로 인해 과학실, 컴퓨터실 등 특별활동실이 합쳐지거나 사라지고 있는 상황인데, 여기에서 창문마다 다양한 특별활동실의 이름이 붙어 있는 것을 보니 무척 반가웠다.

창문에 교무실이라고 적힌 곳으로 향했다. 걸어가며 만난 몇몇 선생님은 "어머 네가 릴리구나?" 하며 반겨주셨다. 릴리가 시골 학교로 전학을 갈 때만 해도 도시에서 시골 전학은 조금 특별한 경우라 선생님들 모두가 전학 소식을 알고 있었다. 교무실로 들어가니 선생님이 서너 분 정도 계셨다. 막상 상담을 하려니 걱정이 살짝 밀려왔다. 다름 아닌 학업에 대한 걱정이었다. '시골 학교라서 공부를 너무 안 시키면 어쩌지? 환경도 시설도 좋은데 학교 커리큘럼이 엉망이면 전학을 해야 하는 거야? 말아야 하는 거야?'

그런데 상담 시작 5분 만에 걱정은 눈 녹듯 사라졌다. 승마와 수영은 기본이고 1인 1악기를 다루며 영어 수업은 원어민 교사가 진행했다. 눈이 커질 수밖에 없었다. 외국에서 학교 답사를 갔을 때 봤던 프로그램들이었다. 생활 공예, 영어 회화, 미술 활동 등 방과 후 프로그램은 도시와 비슷했지만 도시와 달리 선착순이 아닌 희망 여부에 따라 수업을 들을 수 있었다. 다시 말해 모든 학생들이 자신이 원하는 수업을 아무 걱정 없이 골라 들을 수 있다는 뜻! 엄마 입장에서는 도시에서처럼 수십 번 새로 고침 해가며 신청하지 않아도 되니 더 좋았다.

요즘은 시골 유학 붐으로 시골 학교의 정보를 어느 정도 알고 상담을 하지만, 내가 시골 유학을 시작할 때에는 그렇지 않았다. "무엇을 준비해야 할까요? 크레파스, 공책…." 내 질문에 선생님은 학교에서 모두 준비해주니 학부모님이 신경 쓸 부분은 하나도 없다며, 아이만 잘 보내주면 된다고 말씀하셨다. 준비물 준비실이 따로 있기에 아이들이 직접 거기에서 수업 시간 전 필요한 것을 챙겨 간다고 한다.

도시에서 초등학교 입학식을 며칠 앞뒀던 때가 생각났다. 손가락 지문이 없어지는 줄 알았다. A4 용지 빼곡하게 적힌 준비물 리스트를 일일이 확인하고 챙기는 것도 모자라 그 모든 준비물에 이름표를 붙이는 것까지 학부모의 몫이었다. 그런데 여기는 아무

것도 필요 없다고 하니 좀처럼 적응되지 않아 다시 한번 물었다. "공책도요?" 선생님은 옅은 미소를 띠며 고개를 끄덕이셨다.

때마침 교장 선생님이 들어오셨다. 믹스커피를 타며 나를 보더니 "믹스커피 한잔 드실래요?"라고 물으셨다. 학창 시절 나는 선생님들을 많이 어려워했던 터라 교장 선생님이 타주는 커피가 좀 어색해 웃으며 사양했지만 마음만은 따뜻해졌다. 시골 유학 4년 차인 지금은 교장 선생님이 믹스커피를 타고 계시면 옆에 가서 내 커피는 내가 타서 마실 수 있을 것 같다.

선생님과의 상담 시간이 길어지자 릴리가 기다리기 지루했는지 운동장에 가서 놀아도 되는지 물어봤다. 그러라고 했더니 잽싸게 뛰어나갔다. 외국에서 한 달 살기를 할 때도 현지 아이들이 축구를 하고 있으면 상황을 살펴가며 같이 껴서 하던 아이라서 걱정되지 않았다.

상담은 계속 이어졌다. 등교를 하자마자 다 같이 학교 운동장을 돌고 독서를 한다고 말씀하셨다. 학년마다 학생들이 10명 안팎이라 전교생이 모여서 하는 모둠 활동도 많았다. 야외에서 책을 읽거나 전 학년이 골고루 조를 이뤄 요리를 만드는 활동 등이 있었다. 도시보다 적은 학생 수를 원하기는 했지만 막상 보니 너무 적은 게 아닐까 내심 걱정했는데, 이렇게 전 학년이 같이 하니 다행이었다. 한 학년에 학급이 10개가 넘고, 같은 학년이어도 다른 반 학생들은 얼굴도 모르는 도시 학교에 비해 선후배를 두루 알 수 있는 이곳 환경이 마음에 들었다. 학교에서는 선생님께만 배우는 것이 아니라 선배, 후배, 친구를 통해 배우는 것도 크다. 우리가 초등학교 때 재밌게 가사를 바꿔서 부르던 노래를 선배가 후배에게, 그 후배가 더 아래 후배에게 계속해서 전달해준 덕분에 지금의 초등학생들도 부를 수 있는 것처럼 말이다.

교무실이 작아서 상담을 하고 있으면 중간중간 다른 선생님들도 한마디씩 보탰다. 한 선생님은 시골 학교에 발령 받고 다니다가 시골 교육이 좋아서 자기 아이도 전학시켰다고 한다. 시골 학교를 먼저 경험한 선생님의 자녀도 선택한 곳이라는 생각에 안심되었다.

이야기를 마치고 운동장으로 나오니 릴리와 아이들이 놀고 있었다. 60명 전교생 중 반 정도는 운동장에서 놀고 있는 듯했다. 릴리를 부르자 한 아이가 달려와 대신 나한테 대답한다. "아줌마, 얘 조금 더 놀고 싶대요." 신나게 뛰어노는 아이들을 잠시 지켜보며 외국 학교 답사 때 보았던, 부러웠던 표정의 아이들 모습이 생각났다. 시골 학교 운동장을 뛰노는 아이들의 표정도 다르지 않았다. 마음을 굳혔다. 기대한 것보다 훨씬 만족스러웠다. 비행기를 타고 멀리 날아가지 않고도 릴리가 행복하게 공부할 수 있을 공간이 여기 있었다.

나는 왜 시골 유학을
가려고 할까?

시골 유학을 선택하는 이유

　　사람들마다 시골 유학을 선택하는 이유는 다양하다. 하지만 시골 유학도, 외국에서 한 달 살기도 '행복한 교육'을 위한 선택이라는 목적은 같다. 아이가 학원에 가거나 책상에 앉아서 공부할 때 불편한 기색을 보이지 않았다면 아마 이 책을 선택하지 않았을 거다. 그리고 우리가 생각하는 행복한 교육의 의미는 같을 것이다. 행복의 사전적 의미처럼 '만족과 기쁨을 느끼어 흐뭇한 상태'로 하는 교육.

　　내가 릴리의 교육을 위해 시골 유학을 선택한 이유는 이랬다.

앞에서 말했던 다양한 시골 학교의 커리큘럼과 시골이라는 자연환경을 경험하게 해주고 싶었고, 지금이 아니면 아이가 흙을 밟아보지 못할 것 같다는 생각이 있었다. 도시에서 나고 자란 아이에게 힘들 때 찾아가 위로를 받을 수 있는 곳을 만들어주고 싶기도 했다. 무엇보다 초등학생 때부터 사교육의 늪과 주입식 교육으로 인해 지치게 하고 싶지 않았다.

그리고 나를 위해 시골 유학을 선택한 이유는 이랬다. 외국에서 한 달 살기를 할 때 느꼈던 '나를 아는 사람이 없는 환경에서 오는 자유로움'을 또 한 번 느끼고 싶었다. 나만의 시간을 갖고 싶었고, 새로운 환경에서 한번 살아보고 싶었다. 어쩌면 도시의 삶에 꽤 지쳐 있었던 것 같다. 물론 도시보다 생활하는 데는 더 불편하겠지만 시골 유학을 선택했을 때 얻을 장점에 대한 기대가 더 컸다. 이처럼 아이의 행복한 교육을 위해 시골 유학을 선택하게 됐지만, 부모를 위한 시골 유학의 선택 이유도 꼭 생각해봤으면 좋겠다.

시골 유학이 유행이니까, 네가 하니까 나도 한다, 이런 마인드로 시골 유학을 시작하는 가족들이 종종 있다. 아주 위험한 시작이다. 시골 유학은 전학의 의미를 넘어 이주를 하는 것이다. 삶의 모든 것이 바뀌는 일이다. 그만큼 준비 과정이 녹록하지 않다. 무엇보다 그 선택이 아이의 교육으로 직결되므로 아주 신중해야 하는 문제다. 겁먹을 필요는 없지만, 내가 왜 시골 유학을 가려고 하는지에 대한 이유를 모르고 준비하면 안 된다는 뜻이다.

줌 강의를 통해 시골 유학을 희망하는 학부모들에게 그 이유를 물어보니 다양한 답이 돌아왔다. "아이가 자주 코피를 흘려서 병원에 갔더니 미세먼지가 원인이라고 해요. 당장 해결할 수 없는 문제인데 어떡하지 고민하다 어느 날 강원도로 여행을 갔는데, 그곳에서는 아이가 며칠간 코피를 흘리지 않았어요. 그래서 강원도 시골 유학을 결심했습니다.", "학원을 보내지 않고 엄마표 학습을 하고 있어요. 하지만 친구들이 학원을 모두 다니다 보니 아이가 놀이터에 나가도 같이 놀 친구가 없어요. 시골 학교는 도시보다 덜하겠다는 생각이 들었어요.", "도시에서 아이가 스트레스로 틱이 왔어요. 이젠 그 스트레스를 풀어주고 싶어요. 자연과 함께 뛰어놀면 좋아질 거라는 생각에 시골 유학을 준비하고 있습니다.", "내 아이를 꿈꾸게 하고 싶어요. 시골에서 공부를 하면 뭔가 더 창의적인 생각을 하고 다양한 미래를 그릴 수 있을 것 같아요."

도시에서의 생활 모습은 저마다 다르겠지만, 시골 유학을 결심한 이유는 모두가 같다. 아이의 건강과 행복과 꿈. 그걸 위해 많은 부모들이 값비싼 돈이 아닌 값진 시간을 들여 시골로 오고 있다. 아무리 좋은 집으로 이사를 해도 바뀐 환경에 적응하는 동안에는 스트레스를 받기 마련이다. 부디 그 적응 기간이 하루라도 짧기를 바라는 마음으로 묻는다. 그 기간만 지나고 나면 다시 원래 살던 곳으로 돌아가기 싫어서 더 문제가 될 것이다.

아파트와 주택,
어디에서 살까?

시골에서 집 구하기

도시 사람들은 시골, 특히 자연에 로망이 많다. 맑은 바다에 발을 담그고 있거나 푸른 산속에서 휴식을 취하는 모습을 떠올릴 것이다. 이런 로망은 버려야 한다. 시골 유학은 여행이 아니다. 시골에 '살기 위해' 가는 것이다.

여행은 미리 예약하고 간 숙소가 사진과 좀 달라도 참을 수 있고, 숙소와 편의시설 거리가 멀어도 괜찮다. 며칠 있다가 돌아오면 끝이니까. 하지만 시골 유학을 떠나려면 이주를 해야 한다. 사는 동네도 편해야 하고 마트와 거리도 멀지 않아야 한다. 아이들이 아플 때를 대비해 병원도 가까워야 한다. 시골 유학을 마음먹고 있다면 이주 계획을 확실하게 세워야 하는 이유다.

　적어도 내 지인 중에는 아이가 다닐 학교를 못 정해서 이주하지 못한 경우는 없었다. 오히려 집을 못 구해서 이주하지 못하는 경우가 많았다. 다시 말해 시골 유학의 시작은 '집을 구하는' 것이다. 집을 구하려면 우선 발품을 많이 팔아야 한다. 옆 동네로 이사를 가도 여기저기 부동산 다니며 알아보는데 시골 이주는 오죽할까.

　내가 경험해보니 인터넷에 올라온 매물만이 전부가 아니다. 지역의 부동산을 가보면 인터넷에 올라오지 않은 매물들도 있다. 중개사에게 그 이유를 물어봤더니 조용히 팔아달라고 하는 분들의 매물은 인터넷에 올릴 수 없다고 한다. 온/오프라인 가리지 않고 많이 올려 빨리 팔리는 것이 좋을 텐데 조용히 팔아달라니, 잘 이해가 되지 않았다. 그런데 시골은 한 동네에 오래 사는 경우가 많아 집을 내놓았다고 소문이라도 나면 왜 파는지, 그래서 어디로 갈 건지 등등 이웃의 질문이 쏟아져서 조용히 처리하려는 사람들이 많다고 한다.

요즘은 시골에 아파트도 제법 많다. 릴리가 시골 유학을 한 강원도 고성에도 아파트가 속속 들어오고 있다. 천혜의 자연경관을 지닌 강원도 고성에 아파트가 들어서는 것에 대해 개인적으로는 안타까운 입장이다. 하지만 시골 유학을 오는 분들에게는 선택의 폭이 더 넓어진 셈이다. "아파트에 살면 도시와 같지 않을까요?"라고 질문하는 분들이 있다. 시골 주택에서 3년, 아파트에서 1년을 살아본 내 경험상, 아파트를 나서면 상가가 즐비한 도시 환경이 아닌 바로 자연과 접하기에 시골에 살고 있다는 사실을 충분히 체감할 수 있다. 시골 아파트에는 시골 유학을 온 가족들도 많이 거주하기에 말이 통하는 이웃을 쉽게 찾을 수 있다는 것도 장점이다.

"아파트에서 애들이 뛸 때마다 아래층에 미안하고 저도 힘들어요. 시골까지 왔는데 애들 실컷 뛰게 전원주택에서 한번 살아보고 싶어요." 이런 이유로 시골 유학을 결심하는 분들도 있는데, 안타깝지만 뜻대로 되기 어려울 것이다. 시골에서 전원주택의 전/월세는 찾기 어렵다. 대부분 주택에 현지 주민이 살고 있다. 그들은 그 집에 10년, 20년 아니면 대를 이어 산 실거주자이며, 대부분 농업에 종사하기에 이직이나 자녀 학업 같은 이유로 이사를 할 일이 거의 없다. 또 주택은 관리를 잘못해 망가지면 수리비가 크게 발생하기에 전/월세를 잘 내놓지 않는다. 결국 매수가 아니면 주택에서 살기 어렵다고 봐야 한다. 나도 처음에 전원주택 전/월세를 찾다가 결국 구하지 못하고 매수를 했었다.

전원주택의 장점은 확실했다. 아이에게 "뛰면 안 돼"라고 말하지 않는 것만으로도 행복했다. 계절마다 바뀌는 풍경을 구경하는 재미도 있었고, 딸기가 열릴 때쯤이면 아침마다 익은 딸기를 찾아 서너 알 따서 들어오는 아이의 모습도 참 보기 좋았다. 개인적으로 아이가 어리다면 전원주택에 살아보기를 권한다. 하지만 주택과 아파트 모두 장단점이 있으니 잘 생각해서 우리 가족에게 맞는 곳을 선택하는 것이 가장 좋다.

전/월세를 찾지 못해서든, 투자가 목적이든 주택을 매수하게 된다면 주의해야 할 점이 있다. 측량을 제대로 하지 않아 실제와 부동산에 나온 매물 정보가 다른 경우도 있고, 도로처럼 생겼는데 실상 도로가 아니라 사유지인 경우도 있다. 이런 일이 발생하면 정말 복잡해진다. 꼭 철저하게 알아봐야 한다.

사실 내 이야기다. 내가 살았던 전원주택 단지의 도로는 사유지였다. 집을 분양한 사람이 내가 매수할 때 도로를 곧 마을 사람들 공동명의로 해준다고 했기에 그렇게 알고 3년을 살았다. 그런데 이게 웬걸, 집을 팔려고 내놓자 며칠 뒤 공인중개사에게 연락이 왔다. "도로가 개인 명의로 되어 있어서 여차하면 통행료 내고 살아야 할 것 같아요. 이 상태에서 저는 집을 팔 수 없어요." 놀라서 알아보니 도로 명의가 토지를 분양한 사람의 이름으로 되어 있었다. 다행히 동네 분들이 모두 모여 토지를 분양한 사람에게 항의했고, 도로를 공동명의로 받을 수 있었다. 나는 다행히 잘 해결됐지만, 애초에 문제 발생을 막으려면 모든 계약은 구두가 아닌 서류로 하고, 잔금을 내기 전 철저한 확인이 필수라는 것을 꼭 기억해야 한다.

또한 전원주택을 볼 때는 사계절을 생각해야 한다. "전망 좋은 집에 살고 싶어 완전 꼭대기에 있는 집을 샀더니 겨울에는 차가 못 올라가요." 전원주택 단지 꼭대기에 있는 어느 집에 놀러갔을 때 들은 말이다. 울산바위가 한눈에 보여 부러웠는데, 눈이 오면 경사가 심한 도로 때문에 차를 아래에 두고 걸어가야 한단다. 며칠 짧은 여행이라면 이 또한 재미있는 경험이 될 수 있겠지만, 여행이 아닌 이주이기에 생활에 큰 불편이 따른다.

이런 이슈로, 이주 전에 내가 살고자 하는 지역에서 먼저 한 달 살기를 하며 집도 알아보고 학교도 알아보는 것을 추천한다. 집과 학교를 여유 있게 찾을 수도 있고, 한 달을 살아보면 내가 이주를 해도 괜찮은 곳인지 답을 얻을 수 있다.

엄마와 단둘이 살아도 될까?

아빠와 따로 또 같이

　　"아빠 없이 엄마만 가야 하는데 괜찮을까요?", "아빠 없이도 많이들 시골 유학을 오나요?" 많은 사람들이 묻는다. 곰곰 생각해보니 나도 시골 유학을 결정할 때 걱정했던 부분이다. 현실적으로 부모 모두가 한 달을 일하지 않고 아이와 함께 보낼 수는 없으니까. 다만 나는 국내외 한 달 살기로 아빠 없이 아이와 둘이 사는 일에 적응한 상태였다.

　　주변 이야기를 들어보면 시골 유학의 가족 유형은 90% 이상이 주말부부이다. 모든 가족이 이주하는 경우는 드물다. 우리 집에도 아빠가 없지만 남의 집에도 없다. 그래서 자연스럽게 서로 서로 아빠의 자리를 채워주는 재미있는 문화가 형성되었다. 엄마들끼리 서로의 아빠 자리를 대신하며 여행도 두세 집이 어울려서 다닌다. 주말농장을 같이 가꾸기도 한다. 공구를 잘 다루는 엄마는 남의 집 고쳐주는 재미에 빠져 공구 세트를 업그레이드하기도 했다. 자신이 공구를 다루는 데 이렇게 재주가 있는지 몰랐다고 한다. 미술을 잘하는 엄마나 보드게임을 잘하는 엄마가 재능 기부를 하기도 하고, 때로는 마음이 맞는 엄마들끼리 모여 맥주를 한잔하기도 한다.

하교 후에는 놀이터나 공원 등지에서 공동육아가 이루어진다. 아이가 어린 집일수록 공동육아가 활발하다. 아빠의 퇴근 시간에 맞춰 엄마들이 식사 준비를 해야 하는 일에서 자유롭기에 엄마들만의 시간이 제법 길어질 때도 있다. 맛있는 음식을 하면 서로 나누어 먹고, 급한 일이 생기면 다른 엄마가 우리 집 아이의 하교를 도와주기도 한다. 도시의 엄마들이 시골에 모여 어설프지만 다정하게 살아가고 있다.

도시에서도 육아는 대부분 엄마 혼자의 몫이다. 물론 옆에 있는데 같이 안 하는 것과 옆에 없어서 같이 못 하는 것의 차이는 크지만, 엄마들끼리 힘을 뭉치면 두려울 게 없다. 오히려 집안일과 육아를 둘러싼 불필요한 감정 소모를 하지 않아도 돼서 피로감이 덜할 때도 있다.

아빠가 없는 집이 무섭지 않느냐고 묻는 엄마도 있었다. "집에 도둑이 들면 어떡하죠?" "도둑이 들면 아빠가 있어도 무섭죠." 내 대답에 다 같이 한바탕 웃었다. 이럴 때면 나의 경험을 들려주며 걱정을 덜어준다. "다 사람 사는 곳입니다." 줌 강의를 마치고 나면 이 한마디에 마음이 편해졌다는 이야기를 자주 듣는다. 사람 마음은 다 비슷한가 보다.

주말부부도 경험해보니 괜찮았다. 삼시세끼 밥 차리는 일에서 해방됐고, 집 안 정리에도 자유로워졌다. 아이를 등교시키고 나면 오롯이 나만의 시간이 시작되니 나를 돌아볼 여유도 생겼다. 가끔은 심심하지만 이제는 무료함을 즐기기도 한다. 시골에서 사는 날이 늘어날수록 하고 싶은 것, 배우고 싶은 것들이 생겨났다. 엄마들은 시골 유학을 와서 무엇을 할까? 심심하지는 않을까? 이런 이유로 망설일 수도 있지만, 우리가 할 수 있는 것은 꽤 많다. 아이만 바라보고 있지 말고 무언가에 도전해보자. 시골 유학을 통해 엄마의 자존감도 향상할 수 있다. 도시에서 바리스타

나 제과·제빵, 요리 등을 배우거나 자격증을 취득하고 싶었다면 시골 유학이 좋은 기회가 될 수 있다. 나에게 쓸 수 있는 시간도 많지만, 지자체의 지원이 많아 도시보다 훨씬 저렴한 비용으로 배울 수 있다.

물론 때때로 남편의 빈자리가 느껴지는 것은 당연하다. 나는 이럴 때면 남편에게 고마움도 느껴져 주말에만 보는 남편이 더 반가웠다. 시골 유학을 왔거나, 오고 싶어 하는 엄마들과 이야기를 나누다 보면 남편을 혼자 둔다는 것에 미안함을 느끼는 분들도 제법 있다. 나도 그랬었다. 하지만 기러기 아빠도 많은 요즘, 같은 나라에서 주말마다 볼 수 있는 시골 유학을 너무 망설이지 않으면 좋겠다.

빅데이터 전문가 송길영은 2022년 6월 23일 방송된 〈어쩌다 어른〉에서 '화목'의 새로운 정의를 내렸다. '가족 모두가 함께하는 여행보다 엄마 또는 아빠와 가는 여행이 늘어나고 있다'는 데이터를 바탕으로 송길영 전문가는 "화목은 '따로 또 같이'"라고 말한다. 과거에는 양육이 최우선이고 온 가족이 함께해야만 화목한 가정이라 생각했다면, 오늘날에는 양육에만 전념하지 않고 가족 구성원 개인의 휴식을 추구하는 새로운 형태로 가족 문화가 달라지고 있는 것이다. 이처럼 주말부부이기에 매일 함께하지는 않아도 나는 충분히 '따로 또 같이' 하고 있다고 생각한다. 주중에는 서로 자기 일에 최선을 다하고, 주말에는 다함께 낚시도 하고 등산도 하며 가족 안에서 행복을 누린다. 서로의 부재가 서로를 이해하는 시간이 되었기에 4년간의 시골 유학은 우리 가족 인생에 약이 되었다.

시골에서 내가 만난 가정 대부분은 아빠가 자녀 양육에 들이는 실 시간이 적어서 이렇게 말했지만, 집마다 시골 유학으로 인한 주말부부 생활이 힘든 경우도 분명히 있을 것이다. 아빠가 주중에 육아 참여가 더 활발한 집, 엄마의 벌이가 아빠보다 더 좋은 집, 아이가 너무 어려 부모 모두의 손길이 필요한 집 등등 저마다 상황에 맞춰 선택하길 바란다. 시골 유학이 유행이라고, 아이에게 좋을 거라는 이유로 무작정 선택해서는 안 된다.

어느 시골로 가야 할까?

지역 선택 시 고려사항

릴리가 시골 유학을 한 곳은 강원도 고성이다. 우리 나라에서 해수욕장이 가장 많은 고성은 미세먼지 청정 지역으로 선정되기도 했다. 그래서 아토피 치료를 목적으로 찾는 사람들도 많다. 우리 가족만 봐도, 동해는 아이에게 놀이터가 되어주었고 나에게는 눈으로 보는 것만으로도 힐링 그 자체였다. 어디서든 보이는 설악산은 나를 안아주고 있는 듯 든든했다.

"강원도 고성의 학교 커리큘럼만 좋은 건지, 다른 시골 학교는 어떤지 궁금해요." 종종 받는 질문이다. 릴리가 시골 유학을 한 곳이 강원도 고성이기 때문에 그곳의 환경과 학교를 배경으로 말할 뿐, 시골의 그 어느 곳을 선택해도 무방하다. 주변에 남해와 지리산으로 시골 유학을 간 가족도 있는데, 조금씩 다른 특색이 있을 뿐 우리가 생각하는 시골 학교의 장점(다양한 커리큘럼, 적은 학생 수)은 동일하다.

시골 유학 이야기를 다룬 TV 프로그램만 봐도 알 수 있다. EBS 〈하나뿐인 지구〉의 '시골 학교, 도시 아이들' 편, SBS 〈뉴스토리〉 '시골로 유학 간 아이들' 편, BBC 뉴스코리아 〈코로나로 되살아난 시골의 작은 학교〉 편에 나오는 시골 학교는 모두 다른 지역이다. 하지만 어느 학교를 다니든 학생과 학부모 모두 시골 학교에 만족하고 있다. 어느 시골이냐는 중요하지 않다. 나에게 편한 시골, 내가 원하는 시골이면 된다.

강원도 고성도 내가 편해서 선택한 곳이다. 속초를 중간에 두고 위쪽으로 고성, 아래쪽으로 양양이 있다. 고성에서 양양까지 걸리는 시간은 차로 3, 40분 정도라 도시로 생각하면 한 동네 개념이다. 속초, 고성, 양양은 그냥 붙어 있다고 생각하면 된다. 고성은 우리 가족이 매년 여행을 올 만큼 좋아하는 곳이다. 올 때마다 해변에서 모래놀이를 하는 아이를 보며 행복했고, 마치 외국에 온 것 같은 바다색에 푹 빠져 여유를 부리다 밤이면 무수한 별에 감탄했다. 구석구석 맛집을 찾아다녔기에 길도 눈에 익었다. 그리고 고성으로 이주를 하면 속초시가 가까워서 병원이나 편의시설 이용에 불편이 없다는 것을 익히 알고 있었다. 시골 유학을 어디로 가야 할까 고민이라면 나에게 익숙한 시골은 어디인지 먼저 생각해보길 바란다. 선택이 수월해질 것이다.

간혹 대중교통도 별로 없고, 가게도 몇 시간 가야 하는 시골만 아니었으면 좋겠다는 분도 있다. 의외로 시골 하면 영화 〈집으로〉 속 풍경을 떠올리는 분들이 많다. 강원도 고성만 보아도 적은 인구로 매년 존폐의 갈림길에 서 있는 작은 곳이다. 하지만 아주 깊숙한 동네로 들어가지만 않으면 생활에 큰 불편은 없다. 은행도, 마트도, 편의점도 다 있다. 아파트가 들어서면서 편의시설도 더 늘었다. 택배도 다 온다.

온 가족이 이주하는 경우가 아니라면 도시에 남은 가족의 이동을 위해 버스터미널이나 기차역과의 거리도 고려하면 좋다. 주변에 그렇지 않은 집이 있었는데, 한 대뿐인 자가용은 엄마가 시골에서 아이들과 사용하고 아빠는 대중교통으로 도시와 시골을 오갔다고 한다. 매주 금요일에 아빠를 맞이하러 터미널로 가는 길은 늘 사람들로 붐벼서 더 힘들었다는 후기를 들었었다. 여기까지만 읽어도 시골 유학은 절대 '아이의 학교'만 보고 결정해서는 안 되는 일이란 걸 알았을 것이다.

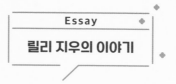

시골 학교는 운동장이 넓었다. 학생 수는 적은데 운동장이 넓었다. 그럼 전교생이 함께 운동장을 이용해도 되는 거야? 도시 학교에서 선생님은 점심시간마다 "운동장은 언니, 오빠들 때문에 다칠 수 있으니까 나가지 마세요"라고 말씀하셨다. 쉬는 시간에도 저학년과 고학년이 운동장을 쓰는 시간이 정해져 있어서 마음대로 나갈 수 없었다. 학교가 끝나고 나서야 운동장을 편하게 쓸 수 있었는데, 그마저도 운동장에서 노는 여자 친구들이 별로 없었기에 축구 하는 남자 친구들 사이에 껴서 같이 하거나 개구멍을 파고 놀기도 했다. 이런 시간이 너무 재미있었다.

시골 학교에 처음 온 날, 엄마가 상담을 하는 동안 운동장에서 놀고 있는 친구들을 만났다. 1학년도 있었고 6학년도 있었다. "운동장을 쉬는 시간에도 점심시간에도 전교생이 이용해도 되는 거야?"라고 물어봤더니 그렇다고 한다. 게임 끝! 나는 이때 바로 시골 학교로 전학 오고 싶어졌다. 수영과 승마도 배운다고 상담해주신 선생님이 말씀해주셨는데 사실인지 친구들에게 확인했다. 사실이라고 한다. "너 전학 올 거야?" 물어본다. 아직 알 수 없었지만 그렇다고 했다. 매일 이 운동장에서 놀고 싶었기 때문이다.

외국에 한 달 살기를 가서 다양한 학교를 다녀봤기에 전학에 대한 걱정은 없었다. 도시 학교의 담임선생님과 친구들과 헤어지는 것이 조금 슬프기는 했지만 학교가 아니더라도 보고 싶으면 볼 수 있으니 괜찮다고 생각했다. "시골 학교에 1년만 다녀볼까?" 엄마의 말에 나는 바로 알았다고 했다. 머릿속에는 계속 넓은 운동장에서 놀 수 있다는 것이 생각났다. 그날 같이 놀았던 친구들도 생각났다.

아파트가 아닌 전원주택에 처음 살아봤다. 2층 집이라서 좋았다. 그리고 막 뛰어도 된다. 처음으로 강아지도 키울 수 있게 되었다. 내가 학교를 다녀오면 뛰어나와서 기다렸다는 듯이 꼬리를 흔든다. 오히려 문제는 엄마였다. 나는 겁이 없는데 엄마는 겁이 많기 때문이다. 엄마는 겁쟁이라서 개구리도 못 잡는다. 겨우 몇 마리의 작은 개구리에도 놀란다. 그래서 정원에 개구리가 들어오면 내가 다 잡아줬다. 엄마와 둘이 있어서 힘든 점은 여름만 되면 매일 아침 등교 전에 개구리를 잡아줘야 한다는 것이다.

아빠와는 매일 통화를 하고 영상 통화도 해서 떨어져 있는 것 같지 않았다. 도시에서 나는 아홉 시면 잠을 자서 저녁에 아빠를 못 보고 잘 때도 많았는데, 지금은 영상으로 더 자주 본다. 그리고 주말마다 아빠와 낚시도 하고 등산도 할 수 있어서 좋다.

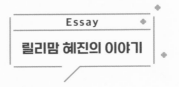
시골에서 엄마들은 무엇을 할 수 있을까?

"지금 하는 것이 덖음이에요. 타지 않게 주의해주세요." 꽃차 소믈리에 선생님의 말을 따라 꽃잎을 정성스레 볶았다. 덖음은 깨끗이 씻은 꽃을 그늘에서 수분을 제거한 다음에 약한 불에 건조시키는 것으로, 꽃차를 만드는 과정의 일부이다. 릴리가 시골 유학을 하는 동안 나는 꽃차를 배웠다. 단 한 번도 꽃차를 배울 생각을 해본 적이 없었는데, 어느 날 TV를 보다 꽃차 소믈리에가 나온 것을 보고 '강원도는 깊은 산이 많아 다양한 꽃차를 배울 수 있지 않을까?'라는 단순한 생각에 검색해봤다. 역시 강원도에서 꽃차 만들기를 배울 수 있는 곳을 찾기 어렵지 않았다.

꽃차를 만드는 동안에는 그 향기에 힐링이 된다. 덖음은 여덟 시간 정도 제법 오래 걸리는 과정이다. 이 시간이 나는 너무 행복했다. 꽃이 열에 건조되면서 그 향이 내가 있는 공간을 가득 채운다. 지금도 그때를 생각하면 꼭 꽃향기가 나는 것만 같다. 내가 만든 꽃차 잎을 따뜻한 물에 넣었을 때, 진짜 꽃처럼 물속에서 피어나는 모습을 볼 때마다 느껴지는 신비한 기분을 여러분도 경험해보면 좋겠다.

시골 유학을 하면서 내가 생각지도 못했던 꽃차를 배웠던 것처럼, 다른 엄마들도 생각하지 못한 것들을 배울 수 있고, 배우고 싶었지만 미뤄두었던 것들을 시작할 수 있다. 오히려 도시보다 무엇을 배우기에 더 좋은 환경이다. 주말부부인 경우가 많기에 집안일에서 조금은 더 자유롭고, 아이 친구들의 엄마들과도 굳이 시간 내 브런치 타임을 갖지 않아도 되니까. 무엇보다 지금이 아니면 언제 이걸 경험해볼 수 있을까 하는 생각에 조금 더 부지런해진다.

아이들이 체험학습으로 배우는 서핑과 승마는 도시에서 배우기 쉽지 않은 것들이다. 아이만 배우게 하지 말고 엄마도 배우자. 아이 때문에 시골 유학을 왔다가 덩달아 서핑을 배웠던 한 엄마는 "내 삶은 서핑을 배우기 전과 후로 나뉜다"고 말하기도 했다. 예상치 못한 경험이 나의 삶을 바꾸기도 한다. 승마 또한 그러하다. 동해를 말 타고 달리는 일 같은 태어나서 단 한 번도 해본 적 없고, 해볼 일 없는 경험을 이곳에서는 마음만 먹으면 바로 할 수 있다.

시골 유학을 위해 주택을 매수했다면 한 달 살기 전용 하우스 운영을 적극적으로 추천한다. 한 달 살기가 붐이라 수요가 많지만, 아직 공급이 부족하다. 한 달 동안 입주를 받고 또 입주한 분들도 실생활을 하는 곳이기에 펜션처럼 일일이 손이 가는 것도 아니다. 한 달 살기를 해본 경험이 있는 분들은 알겠지만 집만 빌려준다고 생각하면 된다.

나도 전원주택을 매수한 경우라서 비어 있는 2층을 한 달 살기 전용 하우스로 운영했었다. 대신 이 일이 우리 가족의 안전과 휴식을 방해하지 않도록 아이가 있는 집만 입주 가능하고 일요일 입실, 토요일 퇴실 등의 규칙을 세웠었다. 만약 한 달 살기 전용 하우스 운영 계획이 있다면 자기 가족의 상황을 고려하여 세세한 규칙을 만들기를 추천한다. 그래야 스트레스받지 않고 지속할 수 있다.

집에 나와 릴리 둘이 있는 시간이 많기에 누군가 2층에 있으면 더 좋을 것 같다는 단순한 생각으로 시작했지만, 그 이상의 것들을 얻었다. 우리 집에 온 엄마는 나의 친구가 되고, 아이는 내 아이의 친구가 된다. 교육관도 비슷하기에 대화도 잘 통했다. 나는 한곳에 머물러 있는데 입주하는 분들은 계속 바뀌다 보니 그만큼 다양한 정보도 얻을 수 있었다. 그때의 만남으로 아직까지 인연을 이어오는 엄마들

도 있다. 무엇보다 한 달 살기 하우스 입주를 무료로 받는 것은 아니
니까 수익도 창출해낼 수 있다.

어떤 학교가 좋을까?

학교에서 무엇을 배울까?

아이의 세상이 너무 좁아지지 않을까?

아이들끼리만 놀아도 괜찮을까?

경쟁 사회에서 멀어져도 괜찮을까?

예체능도 잘 배울 수 있을까?

학부모 참관 수업은 어떻게 이뤄질까?

영어는 포기할 수 없는데 괜찮을까?

소수만 누리는 혜택은 아닐까?

지금 잠깐만 도움 되지 않을까?

2장

어서 와, 시골 학교는 처음이지?

어떤 학교가 좋을까?

시골 학교 고르는 기준

학생 수가 많은 학교가 좋을까? 적은 학교가 좋을 까? 릴리가 시골 유학을 시작했을 때는 생각할 필요 없는 질문이 었다. 강원도 고성에서 시골 유학을 하기로 결정 내리기까지 다 양한 지역의 학교를 알아봤었다. 내가 알아본 경험으로는 제주도 의 일부 자율형 초등학교를 제외하고 다른 지역은 학생 수가 모 두 적었다. 하지만 시골 유학 붐이 일면서 이제는 한 학년에 반이 두 개인 일부 학교도 생겼다. 도시에 비하면 적은 인원이지만 시 골 유학을 준비하는 분들은 학생 수가 많아질수록 우리 아이가 누릴 혜택이 적어지지 않을까 걱정한다.

시골 학교는 많아야 한 학년에 두 반, 그것도 한 반에 20명을 넘지 않는다. 학생 수가 많아지면 방과 후 수업 선택에 있어 경쟁이 생길 수도 있지만, 방과 후 수업을 한 개 정도 덜 듣는다고 시골 유학에 큰 영향을 주진 않는다. 좋은 학교의 기준은 학생 수로 나뉘지 않는다. 적어도 고성에는 몰림 현상이 있는 일부 시골 학교를 제외하고는 아직 한 학년이 10명도 채 되지 않는 학교도 많다. 커리큘럼도 거의 비슷하다. 체험학습으로 승마를 하느냐, 골프를 하느냐 정도의 차이다.

강원도 고성 내 모든 초등학교의 학부모들을 만날 수 있는 자리가 있었다. 군청에서 학부모와의 대화 자리를 열었었다. 시골 유학을 온 학부모들도 만날 수 있었는데, 모두 각자의 학교에 만족도가 높았다. 우리 학교가 제일 좋은 줄 알았는데 말이다. 만족도가 높은 이유는 대화를 나눠보니 금방 알 수 있었다. 시골 학교에 다녀보니 알고 있던 것 외에도 다양한 창의적 체험 활동이 있고, 모두 도시에서 쉽게 접할 수 없는 프로그램들이라 좋았다고 한다. 그리고 가장 중요한 것은, 아이가 즐겁게 학교에 다니기 때문이었다.

많은 엄마가 궁금해하는 '좋은 학교'는 바꿔 말하면 '우리 아이

성향에 잘 맞는 학교'이다. 이솝우화 〈여우와 두루미〉를 조금 다른 시선에서 바라봐보자. 두루미는 맛있는 수프를 눈앞에 두고도 뾰족한 부리로 납작한 접시만 콕콕 찍어댈 뿐, 한 입도 먹지 못하고 쫄쫄 굶는다. 여우 역시 맛있게 구운 생선튀김이 코앞에 있는데도 목이 긴 호리병에 담겨 있어 입도 못 대고 코로 냄새만 맡으며 아쉬워한다. 이처럼 남이 좋은 거라며 차려준 것들이 나에게 맞지 않는다면, 그저 무용지물이다. 다시 말해 우리 아이에게 잘 맞는 학교를 찾기 위해선 학교가 아닌 아이를 먼저 들여다봐야 한다. 우리 아이는 어떤 아이일까?

평소 사람 많은 곳을 불편해하고, 혼자 책을 읽거나 친구 두세 명과 도란도란 노는 것을 좋아하는 아이라면 학생 수가 적은 곳으로 보내는 게 좋다. 반대로 평소 활동적이어서 축구나 피구 같은 단체 운동을 즐기고, 온종일 수다를 떨거나 온몸으로 에너지를 발산하는 아이라면 학생 수가 많은 곳을 찾는 게 좋다. 적어도 축구공을 같이 차줄 만큼의 친구는 있어야 하니까.

그럼 내 아이에게 맞는 학교는 어떻게 알 수 있을까? 여러 방법이 있지만, 우리 아이가 내향형인지 외향형인지 먼저 생각해보면 좋다. 단순히 얌전하면 내향형, 활발하면 외향형이 아니다.

우리 아이가 '에너지를 어떻게 충전하는가?'를 봐야 한다. 내향형은 학생들로 교실이 빼곡할 때 불편함과 피곤함을 느끼고, 혼자 생각하는 시간을 충분히 가져야 마음이 편안해진다. 이런 아이들은 선생님이 시간 없다며 재촉하지 않고, 수업 중 단체 활동보다 개인 활동의 비중이 더 높을 때 온전히 즐길 수 있다. 반대로 외향형은 새로운 사람들을 만나는 활동에 기꺼이 참여하고, 주변 사람들과 자기 생각과 감정을 편하게 주고받는다. 이런 아이들은 학생 수가 많고, 타인과 교류가 많은 활동 프로그램이 잘 맞을 수 있다. 다만 내 아이가 '엄마 본인의 기대와 달리' 너무 조용한 내향형이라고 해서, 또는 너무 방방 뛰는 외향형이라고 해서 걱정할 필요는 없다. 내향형과 외향형, 서로 다른 성격일 뿐 더 좋은 성격이란 없으니까.

아이의 성향에 상관없이 학생 수에 비중을 둬야 하는 경우도 있다. 내가 만나본 어떤 엄마는 무조건 학생 수가 적어야 한다고 했다. 잠깐 보았지만 아이는 외향형에 가까웠기에 좀 의아했다. "외국에서 공부하다가 돌아왔어요. 아무 생각 없이 도시 학군 내의 학교를 보냈는데 하루하루가 전쟁이었어요. 친구들이 그것도 모르냐고 놀린다며 학교에 안 간다고 하고, 그렇다고 선생님에게 내 아이만 특별히 신경 써달라고 할 수도 없잖아요." 이 집 아이는 한국말은 잘하지만 한국의 교과 과정을 따라가기엔 너무 힘들어해서 시골 학교를 선택했다고 했다. 한 반이 5명인 학교를 갔는데, 아이가 학교 적응도 잘하고 선생님이 부족한 부분을 방과 후에 지도해주신다며 무척 만족해했다. 이런 경우는 아이의 성향에 상관없이 훌륭한 선택이다.

참고로 시골 학교에서 방과 후 선생님의 지도는 이 학교에서만 누리는 혜택이 아니다. 대부분의 시골 학교에서 이루어지고 있다. 릴리 담임선생님과 상담이 있어서 학교에 갔을 때 처음 알게 되었다. 수업이 끝났는데도 교실에 한 아이가 있었다. 내가 도착하자 선생님은 아이를 잠시 도서실로 보내고 상담 시간을 가졌다. 선생님께 물어보니 학업이 조금 느린 아이의 공부를 봐주고 있었다고 한다. 담임선생님이 과외를? 도시에서는 상상도 할 수 없는 시골 학교의 시스템이 신기했다. 이처럼 아이의 성향과 학업 수준, 학교 분위기 등을 고려해 아이에게 맞는 학교를 잘 찾아 시골 학교의 모든 장점을 누려보면 좋겠다.

학교에서 무엇을 배울까?

시골 학교의 교육법

"에펠탑과 피사의 사탑 중에 사람 이름인 것은 뭘까요?" 릴리의 질문에 멍해졌다. 살면서 한 번도 생각해본 적 없는 질문이었다. "몰라? 그럼 건전지는 어디에 버려야 할까요?" "건전지 수거함?" "크크, 이건 그래도 아네." 이게 뭐라고, 정답을 맞히고 기뻐하는 나를 보았다. "에펠탑과 피사의 사탑 중에는 에펠이 사람 이름이야. 아이고 엄마, 공부 좀 하세요." 비전 캠프가 시작되면 릴리는 집에서 퀴즈를 내느라 바쁘다.

비전 캠프는 대학생으로 구성된 봉사단이 시골 학교로 찾아와 아이들의 팀워크 형성, 자아탐색 등을 도와주는 프로그램이다. 여름 방학이면 학교로 비전 캠프가 찾아온다. "엄마 나 고려대 갈 거야." 이번에는 고려대학교에서 온 모양이다. 어느 학교에서 오는지에 따라 매년 아이의 희망 대학이 달라졌다. 고려대에서 오면 고려대, 이화여대에서 오면 이화여대를 꿈꾼다. 비전 캠프에서 구성한 프로그램도 좋았지만, 그 대학에 가면 선생님이 선배가 된다는 생각에 들뜨는 아이들의 모습이 더 보기 좋았다.

대학생 언니, 오빠 선생님들은 멘토가 되어 교육적인 놀이도 해주고, 상담을 하며 아이들의 마음을 읽어주기도 한다. 이끼로 나무를 만들고, 게임으로 상식을 전해주고, 스파게티와 마시멜로를 이용해 탑을 만들기도 했다. 딱 아이들이 좋아하는 방식으로 4박5일간 캠프가 진행된다. 비전 캠프가 끝나는 날에는 대학생 선생님들이 롤링 페이퍼를 써준다. 선생님들의 진심 어린 말 한마디, 한마디는 아이들의 꿈이 자라나는 데 밑거름이 되어줬다.

"우리 릴리, 캠프 동안 선생님을 잘 따라와줘서 고마워. 아까 체육대회 때 외국인 선생님들과도 대화 잘 나누고, 춤도 잘 추는 모습이 정말 예뻤다. 항상 파이팅! 열심히 공부해서 꼭 선생님의 후배가 되어줘."

— 지현쌤

"똑똑이 우리 릴리, 선생님과 같이 축구 해줘서 고마워. 그리고 발표도 열심히 해줘서 선생님이 수업하기가 편했어. 든든한 릴리 고마웠어요."

— 윤주쌤

특히 한 학기에 두 번은 책을 쓴 작가가 직접 학교에 찾아오는 '작가와의 만남'을 가졌는데, 릴리는 이 시간을 참 좋아했다. 책을 미리 읽고 궁금한 점을 쪽지에 써 내면 작가가 대답을 해줬다. 이선미 작가와 《수박 만세》라는 책을 볼 때는 진짜 수박을 먹은 후 씨를 뱉어 이마에 올리는 놀이를 했다면서 학교에 다녀온 릴리가 신나게 종알종알 말하기도 했다. 작가의 사인이 담긴 책은 아이들에게 보물과도 같았다.

이때의 경험은 훗날 중학교에 진학해서도 도움 되었다. 사립중학교에서 첫 과제로 읽어야 했던 책이 우연히도 시골 학교에서 작가와의 만남 때 읽었던 채인선 작가의 《아름다운 가치 사전》이었다. 코로나 확진자가 급증해 온라인 수업을 할 때였는데, 릴리는 컴퓨터 카메라를 통해 작가에게 받은 사인을 보여주며 시골 학교에서 가졌던 작가와의 만남 시간을 신나게 설명했다.

교과 내용을 가르치는 교육법도 참 좋았다. 교과서에 나오는 내용을 글로만 배우는 것이 아니라, 직접 경험해본다. "엄마, 나 내일 국어 시간에 샌드위치 만들어." 요리 시간도 아니고 국어 시간에 왜 샌드위치를 만들지? 릴리의 이야기를 들어보니 국어 시간에 설명문에 대해 배우는데, 그 내용이 '샌드위치 만드는 방법'이라 이해를 돕기 위해 설명문을 따라 직접 샌드위치를 만들어본다고 한다. 하루는 릴리가 실 팔찌를 보여주며 예쁘지 않느냐며 자랑을 했다. "엄마, 교과서에 실 팔찌 만들기가 나왔는데, 세 줄 땋기였어. 사실 세 줄 땋기는 좀 쉬워서 시시했는데 선생님도 우리가 시시해할 줄 아셨나 봐? 네 줄 땋기 영상을 틀어주면서 알려주시는데 너무 재미있었어." 시골 학교도 공교육 기관이다. 따라서 공교육 방침을 따른다. 하지만 접근하는 방식은 도시와 이렇게 다르다.

시골 학교의 적은 학생 수 또한 많은 장점이 있다. 선생님이 아이들을 일일이 살필 수가 있기에 아이의 상태를 파악하는 것이 어렵지 않았다. 아이들 사이에 다툼이 발생해도 해결이 빠르고, 선생님과의 심리적 거리가 가깝다 보니 아이들이 선생님께 직접 상담을 요청하는 경우도 많았다. 아이들에게 선생님은 어려운 존재가 아니었다. 릴리에게 학교 선생님에 대해 물어본 적이 있다. "집에는 엄마가 있고 학교에서는 선생님이 엄마다"라고 답하는 릴리를 보니 참 행복한 학교생활을 하고 있는 듯했다.

강원도 고성은 초등학교마다 체험학습 내용에 조금씩 차이가 있지만, 수영과 승마는 공통으로 이루어진다. 수영장은 관내의 리조트에서 해마다 돌아가며 지원을 해주었다. 대학교에서 아이들을 위한 캠프를 열어주기도 했다. 정말 아이 하나를 키우는 데 마을 전체가 힘을 보태주었다.

요즘 교육의 최대 관심사로 영어를 빼놓을 수는 없다. 시골 학교들도 글로벌 인재 양성에 중심을 두고 다양한 영어 프로그램을 운영하고 있다. 그 수준은 기대 이상이다. 릴리가 다녔던 시골 학교에서는 원어민 교사가 상주해 있고, 방과 후 영어 프로그램도 활성화되어 있다. 온택트 시대에 맞게 모든 고학년 아이들에게 태블릿을 나눠주고 영어 학습 콘텐츠를 활용하게 했다. 학습 관리도 함께 이뤄졌다. 도시처럼 영어 캠프를 신청하고 또 그곳으로 가는 것이 아니라, 교내에서 영어 캠프가 열리고 원어민 선생님이 오셔서 함께했다. 시골 학교의 매력에 빠진 우리는 애초에 1년만 계획했던 시골 유학을 초등학교 졸업까지로 연장했다.

아이의 세상이
너무 좁아지지 않을까?

온 동네가 함께하는 운동회

어릴 적 운동회 날이면 아침 일찍부터 엄마는 김밥을 싸고, 가까이 사는 이모도 일찌감치 우리 집에 왔다. 분주하게 하루가 시작되었다. 점심때면 운동장 어딘가에 돗자리를 펴고 있을 식구들을 찾았던 기억이 난다. 하지만 우리 릴리가 다녔던 도시 초등학교의 운동회는 그렇지 않았다. 학부모 없이 아이들끼리만 운동회를 했다. 운동회 풍경이 궁금해 교문 밖에서 몰래 보는 학부모도 있었다.

시골 학교 운동회는 달랐다. 내가 어렸을 때의 운동회처럼 운동회 진행표를 나눠줬다. 아이가 초등학교 입학 후 처음 받아보는 운동회 진행표를 들여다보니 몇 십 년 전이나 지금이나 운동회 종목들이 비슷해서 신기했다. 그때와 다른 것은 점심을 학교에서 준비해준다는 것이었는데, 엄마의 입장이 되어서 그런가? 이것도 좀 좋았다.

점심시간이 끝나고 바로 줄다리기 경기가 이어졌다. 줄 하나를 두고 마주 보고 선 두 무리의 아이들. 언제 호루라기가 불릴까 집중하며 긴장하던 아이들은 휙 소리가 들리자마자 젖 먹던 힘을 다해 줄을 당겼다. 이기면 펄쩍펄쩍 뛰고 지면 세상을 다 잃은 듯 허망한 표정이었다. 얼굴이 일그러지도록 힘을 주던 아이들을 찍은 사진은 나중에 다시 꺼내 볼 때마다 웃음이 났다.

응원하던 어른들도 아이들에게 동화되어 같이 뛰고 같이 아쉬워했다. "엄마 계주가 진행됩니다. 참가하실 분들은 나오시기 바랍니다." 선생님의 안내 방송이 끝나자 멀리서 릴리가 소리친다. "엄마 나가! 빨리빨리!" 릴리의 말을 듣고 선생님이 나의 손목을 잡아끌었다. 계주에 출전할 생각이 없었지만 얼떨결에 끌려 나갔다. 정해진 위치에 서서 바통을 이어받을 준비를 하니 긴장되었다. 멀리서 우리 조의 엄마가 달려온다. 연습한 적은 없지만 조금씩 앞으로 나아가며 바통을 받아야 한다는 것을 몸이 기억하고 있었다. 한때 나는 달리기 좀 하던 아이였다. 지금 이 순간만큼은 내 아이의 운동회가 아닌 어린 시절 나의 운동회에 온 기분이었다. 너무 기쁜 나머지 나는 마지막 주자였고 간발의 차이로 우리 팀을 승리로 이끌었다. 너무 기쁜 나머지 나도 모르게 어린 애처럼 펄쩍펄쩍 뛰었다.

어느덧 운동회는 막바지에 이르렀다. 아빠들의 장애물 달리기와 박 터뜨리기가 남아 있었다. 장애물 달리기에 릴리 아빠도 참여했다. 모든 아빠가 의무적으로 참여해야 했기에 선택의 여지가 없었다. 우리 부부는 아이를 늦게 낳은 편이라 어딜 가든 릴리 친구들의 부모는 우리보다 젊어 보였는데, 유독 여기에서는 더 그랬다. 괜한 걱정이 밀려오는 순간, 체력이 바닥난 릴리 아빠가 장애물에 걸려 쿵 소리와 함께 넘어졌다. 아이들은 릴리 아빠를 보며 신나게 웃었다. 릴리 아빠는 아팠겠지만 나도 웃겼다. 이렇게 모든 사람에게 웃음을 주며 장애물 달리기가 끝났다.

운동회의 마지막 순서이자 하이라이트인 박 터뜨리기가 시작됐다. 아이들은 작은 플라스틱 공을 힘차게 던졌다. 내가 어렸을 때는 헝겊에 팥을 넣어서 꿰맨 오자미를 던졌었는데 추억이 새

록새록 돋아났다. 그런데 박을 너무 강하게 붙였나 보다. 어느 쪽 박도 터지지 않았다. 지켜보던 선생님이 투입됐다. 멀리서 보니 박을 살짝 어루만지는 것처럼 보였으나 아마도 붙여놓은 테이프를 떼는 것 같았다. 경기는 다시 진행됐고, 두 팀이 거의 동시에 박을 터트렸다. 사실 청팀이 조금 빨랐지만, 진 팀도 환호성을 불렀다. 터진 박에서 떨어진 초콜릿을 너 나 할 것 없이 줍다 보면 승리도, 패배도 무의미해졌다. 우리는 모두 같은 학교를 다니는 한 팀이니까.

운동회가 끝나고 강당에 모여 우승 팀을 비롯한 시상식이 있었다. 단상에는 많은 상품이 있었는데 이름표를 보니 동네 곳곳에서 협찬해준 것들이었다. 농협과 마트뿐 아니라 동네 식당에서도 상품을 협찬해주었다. 운동장을 같이 뛰는 것은 아니지만 각자의 방식으로 운동회를 같이했다. 말 그대로 온 동네가 함께하는 운동회였다. 운동회를 마치고 돌아가는 모든 가족들의 손에 선물이 들려 있었다. 릴리는 자신이 잘해서 받은 거라며 100미터 달리기 1등을 자랑하기 바빴고, 릴리 아빠는 몸을 아끼지 않은 덕분에 상품을 받았다며 웃었다. 나도 덩달아 신나는 운동회였다.

도시 학교에 다닐 때는 축제 기간에 아이들이 한 장기자랑도 선생님이 영상으로 보내줘야만 볼 수 있었다. 하지만 시골 학교에서는 아이들이 악기를 연주하고, 연극을 준비하는 모습을 두 눈으로 직접 볼 수 있었다. 그 현장 한가운데 있다 보면 장구를 치는 아이들의 장단에 저절로 흥이 나기도 했다. 인기 가요에 맞춰 군무를 추는 팀들도 많았다. 어쩜 하나같이 다 춤을 잘 추는지 대견했다. 그러다가 한 명이라도 틀리면 다 같이 터져버리는 아이들의 해맑은 웃음소리가 지금도 귓가에 맴돈다. 촛불을 들고 모두 함께 원을 그리고 앉아 선생님의 말씀을 따라 서로 사랑한다고 말하면 축제가 마무리가 되었다. 대학 MT 이후 몇십 년 만에 본 촛불 의식에 감회가 새로웠다. 시골 학교의 행사는 이렇게 아이뿐만이 아니라 부모에게도 추억을 생각나게 하고 또 새로운 추억을 만들어주었다.

다음 날 아침. "아빠 괜찮아?" 운동회에서 넘어진 아빠가 걱정됐는지 릴리가 묻는다. 아빠는 전혀 아프지 않은 듯 오버하며 괜찮다고 한다. 둘의 대화를 들어보니 넘어지고도 일어나서 뛰어준 아빠의 모습이 릴리는 너무 좋았나 보다. 아빠는 릴리에게 슈퍼맨이 되어 있었다. 나도 뛰었는데…. 아빠만 칭찬하는 릴리에게 내심 서운했지만, 기쁜 마음이 더 컸다. 주 양육자가 엄마인 집에서는 아이와 아빠의 유대감이 덜할 수밖에 없다. 심지어 평일에 엄마와 단 둘이 사는 우리 집이라고 다를까. 이 와중에 아빠가 자신을 위해 몸을 아끼지 않고 땀 흘리며 뛰어준 순간은 아이 마음에 오래토록 남아 사랑을 느끼게 해줄 것이다.

아빠와 대화를 마치고 릴리가 나에게 와서 조잘거린다. "엄마 이젠 마트에 가면 아줌마들께 인사 잘해야겠어. 학교 앞 식당 아줌마는 우리가 너무 좋은가 봐. 나도 나중에 후배들에게 상품을 보낼 거야! 내 이름 크게 써서." 아이는 운동회에 상품을 보낸 가게들이 모두 자기들을 아끼고 사랑해서 그런 거라고 생각했다. 아이스크림 하나만 사줘도 좋아하는 나이에 동네 어른들의 인심은 아이들에게 자신과 타인에 대한 긍정심을 가득 심어줬다. 온 동네가 함께라는 공동체 의식을 느꼈고, 이렇게 사랑을 받았기에 다시 베풀어야 한다는 교훈도 스스로 깨우쳤다. 훗날에는 시골 학교를 졸업한 전교생의 이름이 보내온 상품들로 운동장이 가득하겠지?

아이들끼리만 놀아도 괜찮을까?

자기주도적인 토요 모임

　　"엄마, 이번 주 토요일부터 우리 모임 있어. 반상회 같은 거야." 학교 수업도 같이 듣고, 하교 후에도 운동장에서 더 놀다 오는 친구들인데 토요일에 또 만난단다. 고학년으로 올라가면서 아이들은 '토요 모임'을 만들었다. 어디서 들은 건 있어서 '반상회 같은 거'라는 릴리의 말에 웃음이 나왔다. "릴리야, 반상회는 어떤 정보를 나누고 의견을 듣는 자리인데 너희 모임의 주제는 뭐야?" "그래? 그럼 반상회가 아니고 그냥 모임. 주제는 없어. 반 친구들이 모두 토요일에도 만나서 놀고 싶다고 해서 만나서 놀기로 한 거야. 점심도 같이 사 먹을 거니까 돈 좀 챙겨주고."

누가 시킨 것도 아니고 누가 도와준 것도 아니다. 아이들이 주도해서 만든 것이다. 릴리 말처럼 특별한 목적이 있기보다는 학교에서 만나 운동장이나 근처 바닷가에서 노는 것이다.

대망의 토요 모임 첫날, 릴리를 학교에 데려다줬다. 미리 와 있는 친구들이 릴리를 반겼다. 이렇게 어른들 없이 아이들끼리만 놀게 한 적이 없어서 같이 학교에 있어야 하나 순간 걱정이 앞섰다. 나라도 애들을 봐줄까 싶었지만, 아이들끼리 신나게 토요 모임을 기획했을 모습을 상상하니 한 발짝 물러날 수밖에 없었다. 대신 무슨 일 생기면 바로 전화하라고 여러 번 당부하고 집으로 혼자 돌아왔다.

릴리에게 전화가 자주 올 거라고 생각했는데 점심시간이 되어도 전화 한 통이 오지 않았다. 결국 내가 먼저 전화를 했다. 아직은 아이들만 밖에 내놓는 것이 두려웠다. 릴리는 너무 태연하게 학교 근처에 있는 피자 가게에서 점심을 먹는 중이라고 말했다. 엄마의 전화가 조금은 귀찮은 눈치였다. 언제 이렇게 컸지? 아이는 내 생각보다 훨씬 많은 일에 능숙한데 그것을 내가 다 대신해 줘야 마음이 편한 엄마가 아니었는지 반성했다. 아이가 자전거를 처음 배울 때 뒤에서 부모가 잡아준다. 그러다 아이가 조금씩 익숙해지면 부모가 손을 떼어야 비로소 앞으로 나아갈 수 있는데, 난 아이의 자립을 믿어주는 부모일까?

아이들의 토요 모임은 나날이 발전했다. 학교 근처에 사는 반 아이의 아빠가 점심때 아이들을 찾아 점심을 사주는가 하면, 편의점을 운영하는 부모는 당연한 듯 그날이면 간식을 제공했고 편의점 탁자는 아이들이 잠시 쉬는 곳이 되었다. (그 편의점은 평소에도 아이들의 아지트다.)

"엄마, 이번 모임은 식당을 하는 재민이 집에 초대받았어.""어딘데? 거기로 데려다주면 될까?""아니, 학교로 재민이 부모님이 우리 데리러 온다니까 나중에 재민이네로 데리러만 와." 만나는 시간은 미리 정하지만 헤어지는 시간은 그때그때 달랐다. 주말 손님으로 식당이 바쁠 것 같아 빨리 데리러 가야겠다는 생각이 들었다. 하지만 오후 3시가 되어도 데리러 오라는 전화가 오지 않았다. 또 내가 먼저 전화를 했다. 애들이 아직 다 있으니 한 시간쯤 후 데리러 오란다.

몇 시간 후, 재민이네 식당에서 재민이 엄마께 감사 인사를 하며 이야기를 나누던 중에 이번 초대가 부모님과 상의 없이 재민이 혼자서 결정한 일이란 걸 알게 됐다. "재민이가 오늘 아침에 말하는 거예요. 친구들 초대했으니 엄마, 아빠가 데리러 가야 한다고. 왜 일찍 말하지 않았냐고 하니까 메뉴 중에 돈가스가 있으니 그거 주면 된대요." 재민이 엄마와 이렇게 이야기를 나누며 한참 웃었던 기억이 난다.

"엄마, 이번 주는 서진이네 집으로 갈 거야. 수영한다고 수영복 챙겨 오래. 이번에는 서진이네 집으로 직접 데려다줘." 얼마 전 서진이네 집에 수영장을 만드는 공사를 한다는 이야기를 들었는데 완공되어 아이들을 초대하는 모양이다. 보물찾기와 바비큐도 준비했단다. 서진 엄마에게 뭐 도와줄 것이 없냐고 물었더니 걱정하지 말고 집에서 쉬다가 전화하면 오라고 한다. 정원에서 아이들의 수영 파티를 준비하는 서진 아빠의 모습도 바빠 보였다.

아이들의 토요 모임은 점점 학교를 벗어나 그 규모가 커졌다. 그리고 뜻하지 않게 학부모 만남의 장으로 이어졌다. 월요일이면 학교에서 아이들은 토요 모임을 주제로 한바탕 수다를 떨었다. 아이들은 토요 모임을 계획하는 재미에 푹 빠져 있는 듯했다.

가정환경이 모두 다르기에 토요일에 아이들을 집으로 초대하기 어려운 집도 있다. 그 당시 릴리의 반 아이들은 8명이 전부였다. 자세히는 몰라도 서로의 사정을 어느 정도 알고 있다. 집으로 초대하기 어려운 경우에는 학교에서 아이들이 놀 때 점심이나 간식을 사주기도 했다. 그리고 시간이 되는 집이 조금 더 신경 쓰는 것에 아무도 불편해하지 않았다.

토요 모임은 '토요일에도 만나서 놀고 싶다'는 단순한 이유로 출발했다. 아이들 스스로 모임을 결성하고, 매주 활동 주제를 기획하고 실천해갔다. 그 과정에서 아이들은 서로의 의견을 주고받으며 토의를 했고 모두가 만족할 만한 결과를 찾았다. 설령 그 결과가 바다에서 놀고 싶다는 나의 의견이 아닌 운동장에서 놀고 싶다는 친구의 의견으로 결정되더라도 수용해야 한다는 것을 배웠고, 내 의견이 선택되려면 타당한 이유가 있어야 한다는 것도 배웠다. 경험을 통해 스스로 배운 것들은 책으로 배운 것보다 아이들이 커가는 과정에 더 도움 될 것이다. 처음 아이들끼리 노는 것이 불안했던 나도 아이는 아이들끼리 있을 때 또 다른 성장을 한다는 걸 알게 됐다.

경쟁 사회에서 멀어져도 괜찮을까?

품앗이 교육으로 쌓는 자기효능감

우리 반에는 수학을 조금 못하는 친구가 있습니다. 선생님께서 저와 그 친구를 짝지으시며 수학을 가르쳐주라고 말씀하셨습니다. 그 친구가 오랫동안 문제를 풀지 못하고 있어서 알려주려고 했는데 왠지 자존심이 상하는 눈치였습니다. 그래서 제가 "나는 수학을 빵점 맞은 적이 있다"고 말해주었더니 그 친구가 "수학을 잘하는 너도 나보다 더 심한 흑역사가 있구나" 하면서 그 후로는 저에게 편하게 수학을 물어봤습니다. 그 친구의 수학 점수가 20점 올랐을 때 너무 기뻤습니다. 그 후 더 잘 알려주고 싶어서 미리 공부를 해 가기도 했고요. 저도 이런 과정을 통해 수학이 점점 좋아졌습니다.

릴리가 직접 쓴 영재원 자기소개서의 일부다. 시골 학교에서 릴리는 품앗이 교육의 힘을 몸소 깨우쳤다. 품앗이가 힘든 일을 서로 거들어주면서 품을 지고 갚는 일을 의미한다면, 품앗이 교육은 아이들끼리 각자 어려워하는 과목을 서로 가르쳐주면서 배우는 교육이다. 수학을 잘하는 릴리는 수학을 어려워하는 친구를 도와준다. 미술을 잘하는 친구에게 릴리는 그림 잘 그리는 법을 배운다. 체육을 잘하는 아이는 친구들에게 때로는 체육 선생님이 되고, 노래를 잘하는 아이는 음악 선생님이 된다. 친구에게 배우는 것은 선생님이나 다른 어른들에게 배울 때보다 재미가 남다르다. 그 덕분에 릴리는 미술에 관심을 두기 시작했다.

"엄마, 지혜가 그림 그리는 방법을 알려줬는데 우선 눈은 이렇게 그려야 하는 거래." 이 한마디와 함께 시작했던 그림이 어느 날 보니 너무 잘 그려져 있어서 놀랐었다. "엄마, 석준이는 공부에 대해서는 친구들에게 알려줄 게 없어서 대신 뭘 알려줄까 생각했더니 자기는 자동차에 대해서 엄청 많이 알고 있더래. 그래서 오늘 설명해줬어. 무지 재미있더라. 그리고 부가티, 람보르기니라는 차가 있는데 엄청 비싸더라고. 나 사줄래?" 하며 릴리가 싱긋 웃는다.

아이들은 도움을 받고 나면 자신도 도움을 주고 싶어 '나는 뭘 잘하지? 친구들에게 도움을 줄 게 뭐가 있지?' 골몰히 생각한다. 공부 잘하는 친구를 보며 왜 나는 공부를 못해서 알려줄 게 없을까 좌절하지 않는다. 공부라는 하나의 잣대로 자신을 평가하지 않고, 자신의 사소한 관심사마저 장점과 재능으로 바라보며 자신을 긍정한다. '이 친구가 국어를 못하니 내가 국어 시험을 더 잘 보겠다' 같은 경쟁이 아니라, 서로 부족한 부분을 채워주면서 함께 성장하는 시골 학교 아이들이 너무 기특했다.

시골 학교의 다양한 교육적 특징 중 품앗이 교육만 따로 빼서 설명하는 이유가 있다. 릴리가 초등학교를 졸업하고 중학교에 와서도 품앗이 교육은 크게 빛을 발휘했다. 중학교 입학 후 얼마 지나지 않아 수준별 반 편성 고사가 있었다. 수학과 영어의 성취도를 높이기 위해 수준별로 반을 나누는 시험이다. 첫 번째 시험 과목은 수학이었다. 중학교에 올라와 배운 내용이 많지 않으니 초등학교 6학년 문제도 나온다고 한 모양이다. 릴리는 초등학교 교과서는 모두 버렸지만, 다행히 온택트 학습을 하는 콘텐츠에서 6학년 수학 개념을 요약해 복습할 수 있었다. 그런데 릴리가 몇 가지 수학 공식을 정리하더니 대뜸 인쇄 버튼을 눌렀다. 한 장 두 장… 열 장을 넘어가자 궁금했다.

"릴리야 왜 이렇게 프린트를 많이 해?" "우리 반 친구들도 나처럼 교과서를 다 버렸을 거야. 그래서 내가 정리한 것 나눠주려고!" 여기는 시골 초등학교가 아닌 사립중학교이다. 이제는 품앗이가 아닌 경쟁을 해야 하니 이러면 안 될 텐데 라는 생각이 들었다. 모두가 공부에 열을 올리는 이곳에서 릴리의 행동이 순간 너무 철없이 느껴졌다. 잔소리 한마디가 턱 끝까지 차올랐는데, 뿌듯한 표정으로 자료를 정리하는 릴리를 보며 아차 싶었다. 내가 아이에게 뭘 가르치려고 했던 거지?

옆에서 프린트를 도와줬다. 수학 개념을 정리한 프린트에 릴리가 써놓은 문구가 눈에 들어왔다. '친구들아, 우리 모두 백 점 맞자!' 감동이었다. 시골 교육을 통해 '나'보다 '우리'를 먼저 생각하는 아이로 자라준 것에 다시 한번 감사했다. 나만 백 점이 아닌 우리 모두의 백 점을 위해 노력하는 아이를 보며 품앗이 교육을 꼭 강조해서 말하고 싶었다.

릴리는 최상위 반에 무리 없이 합격할 기회를 쪼개서 친구들에게 나눠주었다. 그로 인해 자신이 최상위 반에 떨어질 수도 있다는 염려는 경쟁에 익숙한 엄마만의 생각일 뿐, 아이에게는 전혀 중요하지 않았다. 릴리를 통해 세상 살아가는 법을 배운다. 공부만 잘하면 된다는 성과주의, 나만 잘 먹고 잘 살면 된다는 개인주의는 더 이상 우리 가족에게 의미 없다.

릴리의 중학교 체육 수행평가에 저글링이 있었다. 집에서 연습하는 릴리를 보니 망했구나 싶었다. 물론 나도 저글링을 못한다. 하지만 난 수행평가를 안 보니까 괜찮다. "릴리야 어쩌지? 너 아무래도 수행평가 망한 것 같아." 걱정스러운 나의 말에 릴리는 너무도 해맑은 표정으로 대답한다. "엄마, 걱정 마. 나도 저글링이 너무 어려워서 잘하는 친구에게 알려달라고 했어. 그 친구가 잘 알려주기도 했고, 도움 되는 동영상도 추천해줬어. 아직 일주일 남았으니까 연습하면 잘할 수 있을 것 같아. 오늘도 친구한테 배우고 나니까 세 번 늘었어." 열 번도 아닌 세 번 는 것에 릴리는 너무 좋아했다.

품앗이 교육을 통해 아이는 자신의 장점을 알아가고 남과 비교해 우월감이나 열등감을 느끼는 대신 자기효능감을 쌓았다. 자기효능감은 목표에 도달할 수 있는 자신의 능력에 대한 스스로의 평가이다. 사회인지학습이론의 창시자이자 스탠퍼드대학교 심리학부 명예교수인 반두라Albert Bandura는 "자기효능감이 높은 사람은 실패에서 빨리 회복하고 일의 처리가 잘못되더라도 걱정하기

보다는 해결책을 생각한다"고 말한다. 자기효능감이 충분한 아이는 살아가는 동안 닥칠 어려움 앞에서도 쉽게 좌절하지 않고 나아질 미래를 기대하며 이겨낸다.

릴리는 초 긍정적이다. 여행 도중 아끼던 인형 하나를 잃어버린 적이 있다. 릴리가 속상하지 않을까 걱정했는데, 처음에는 좀 시무룩하더니 그래도 제일 좋아하는 다른 인형은 잃어버리지 않아서 다행이라고 했다. 긍정적인 좋은 성격이라고 생각하면서도, 가끔은 이런 모습이 좀 철없이 느껴지기도 했다. 릴리를 따라 엄마인 나부터 자기효능감을 길러야겠다. 그리고 릴리는 최상위 반에 무사히 합격했다. 어른들의 걱정은 잠시 내려놔도 된다는 사실을 이렇게 다시 한번 깨닫는다

예체능도
잘 배울 수 있을까?

사교육비 부담 없는 예체능 수업

"피아노 학원 가기 싫어." 도시에서 피아노 학원을 다니기 시작한 지 2주쯤 지났을 무렵이다. 피아노 학원 입구에 릴리가 버티고 서서 학원에 들어가기 싫다며 울었다. 몇 년 동안 바이올린 레슨도 잘 받아왔고, 집에서부터 별말 없이 걸어왔기에 나는 당황스러웠다. "릴리야 왜 피아노 학원에 가기가 갑자기 싫어? 오늘은 학원 앞까지 왔으니까 얼른 들어가고 나중에 생각해보자." 막무가내로 우는 릴리를 달래서 피아노 학원에 들여보냈다. 다니기 싫은 이유도 말하지 않고 학원 문 앞에서 우는 릴리를 이해할 수 없었다.

사실 릴리가 피아노 학원을 그만두지 않았으면 했다. 피아노는 가장 기본적으로 배워야 하는 악기라고 생각했고, 여기 학원 원장님이 외국의 유명한 음대를 졸업한 피아니스트 출신이라 이 학원을 선택한 이유도 컸다. 이제 와 생각해보면 릴리가 피아노를 전공할 것도 아닌데 내가 큰 의미 없는 것에 이유를 두고 있었던 것 같다.

피아노 학원이 끝나는 시간에 맞춰 마중을 나갔다가 릴리를 데리고 케이크를 먹으러 갔다. 이렇게 달래면 될 것 같았다. "릴리야 왜 피아노 학원이 싫어? 거기 원장님이 피아노로 유명한 대학도 나오셨고…." 나는 릴리를 피아노 학원에 계속 보내기 위해 열심히 설득했다. "엄마, 나는 피아노 방에서 문 닫고 혼자 있는 게 싫어. 그래서 문을 조금 열어놓고 하니까 그러면 안 된다고 하잖아." 생각지도 못한 이유였다. "릴리야 피아노 방에 있으면 무서워?" 혹시 릴리가 폐쇄공포증이 있는 걸까. 다행히 릴리는 무서운 건 아닌데 그냥 너무 좁아서 답답하고 무조건 싫다고 했다. 피아노와 피아노 의자 하나씩 들어가면 가득 차는 작은 방이긴 했지만, 이게 그렇게 싫었을까? 최후의 수단으로 "학원을 옮겨줄까?"라고 물어봤더니 이것도 싫다고 한다. 결국 피아노를 그만뒀다. 이제 영영 피아노는 안 치겠구나 싶었다.

릴리의 시골 학교가 있는 골목에는 제법 큰 피아노 학원이 있었다. 릴리 등하교길에 볼 때마다 시선이 갔지만 지난 일이 생각나 매번 고개를 돌렸었다. 그러던 어느 날 릴리가 하는 말. "엄마 피아노 학원 보내줘." 내가 잘못 들었나 싶어서 되물었지만 피아노 학원을 다니고 싶단다. 이유는 학교 친구들이 하교 후 그 피아노 학원에 많이 가니까 릴리도 가고 싶다는 것이다. 전적이 있기에 릴리에게 상담을 먼저 가자고 했다.

학원 문을 열고 들어가니 도시에서 봤던 피아노 학원 풍경과 사뭇 달랐다. 중앙 복도에 놓인 큰 테이블에서 아이들이 다 같이 음악 이론을 공부하고 있고, 피아노 방은 문이 다 열려 있었다. 그래도 다들 집중해서 자기 악보대로 피아노를 치고 있었다. 떠드는 아이들도 있었지만 그런 상황 속에서도 이들만의 어떤 규칙이 존재하는 듯했다. 릴리는 상담 후 바로 피아노 학원에 등록했다. 이후 학원에 처음 다녀온 날에는 침이 마르도록 학원 자랑을 했다. 다시 시작한 피아노 학원은 시골 학교를 졸업할 무렵까지 계속 다녔다.

피아노 학원을 다니는 동안 나도 꽤 만족스러웠다. 이 피아노 학원 원장님은 유명한 외국 대학을 졸업하진 않았지만, 자녀 둘을 모두 음대에 보냈고 음악을 진심으로 사랑하는 분이셨다. 무엇보다 아이들을 무척 사랑해주셨다. 아이들을 위해 '라면데이'를 열기도 하고 근처 가게에서 쓸 수 있는 쿠폰을 만들어주시기도 했다. 릴리도 이 쿠폰을 받은 날이면 엄청 신나 했다. 작곡을 좋아하는 릴리가 오선지에 작곡을 해서 가면 그것을 형식에 맞게 수정해 곡을 함께 완성해주시기도 했다. 아이들은 원장 선생님에게 많은 이야기를 미주알고주알 늘어놓기도 했고, 그럼 선생님은 내용에 따라 엄마들에게 전해주며 기꺼이 엄마들의 상담사가 되어주시기도 했다.

시골의 피아노 학원은 도시의 피아노 학원에 비해 덜 체계적일지 몰라도, 도시보다 더 많은 웃음과 꿈을 안겨줬다. 릴리는 시골 유학을 가서 다시 시작한 피아노를 중학교에 다니는 지금도 계속 치고 있다.

학원 외에도, 시골 학교는 '1인 1악기' 특색 활동이 잘 마련되어 있다. 한 사람이 악기 하나를 배움으로써 악기 연주 실력과 더불어 자신감, 문화적 감수성을 신장시키는 것이 목적이다. 릴리는 이 1인 1악기 활동으로 클라리넷을 배우기도 했다. 음악 외에도 다양한 방과 후 활동을 통해 예체능을 배울 수 있다. 지자체에서 운영하는 '주말 학교 프로그램'을 신청하면 승마, 수영, 배드민턴 등을 일주일에 한 번씩 배울 수 있다. 물론 미술과 음악 수업도 지자체 프로그램이 있다. 대부분 무료이거나 아주 적은 비용을 낸다. 그리고 군민 체육센터에 등록하면 수영을 배울 수가 있는데 수영모와 수경도 다 지원해준다.

주변에 시골 유학을 와서 중학교를 보낸 엄마들의 이야기를 들어보면, 중학교에서도 무료 예체능 수업이 잘 이루어지는 듯하다. "중학생이 된 아이들이 사격부를 들어가서 돈 한 푼 들이지 않고 매일 운동하고 있어요. 사교육비가 거의 들지 않으니 이런 경제적 이익도 있네요." 이처럼 예체능 전공생으로 키우는 게 목표가 아니라 기본적인 문화적 감수성, 인성, 창의력 등을 키우고 싶다면 시골 유학이 오히려 좋은 기회라고 본다.

한창 릴리 반에 전학생이 늘면서 학급 인원이 6명에서 12명이 된 시기가 있었다. 전학생이 올 때마다 이유가 궁금했다. 코로나 시국에도 정상적인 등교를 하는 학교를 찾아온 경우도 있었고, 리터니(Returnee, 외국에서 본국으로 돌아온 이들)도 있었다. 전교 상위 10% 안에 들어야 입학 희망 원서를 낼 수 있는 중학교에 가기 위해 6학년 때 시골 학교로 전학 온 아이도 있었다. 흔한 일은 아니지만, 예체능 전공생이 되기 위해 시골 학교를 찾는 경우도 있다. 이번에 새로 전학 온 친구는 그림으로 전국 대회를 휩쓸고 있고, 앞으로도 계속 미술을 전공할 거라고 한다. 그럼 미술 전문 학원이 있는 지역으로 가야 하지 않을까 싶었는데, 성적 경쟁 없이 편안한 마음으로 그림만 그리기 위해서 시골 학교를 택했다고 한다.

도시에 비해 예체능 학원 수는 분명 현저히 적다. 부모의 생각에 시골에는 우리 아이를 보낼 만한 학원이 없다고 느껴질지도 모른다. 하지만 시골이기에 더 좋은 것도 있다. 학교와 지자체의 프로그램이 다양해 사교육비 부담이 거의 없고, 미술을 전공하기 위해 시골 학교를 찾은 릴리의 친구처럼 더 마음 편한 환경에서 좋아하는 일에 몰두할 수도 있다.

학부모 참관 수업은
어떻게 이뤄질까?

부모와 함께하는 캠프

　　시골 학교에서 열린 '부모와 함께하는 캠프'를 잊을 수가 없다. 교실에서 삼겹살을 구워 먹다니. 그저 놀라웠다.

　　"엄마, 이번 우리 모둠의 메뉴는 삼겹살이야. 작년에 삼겹살을 구운 모둠이 있었는데 모두 부러워했다고 언니, 오빠들이 삼겹살 하자고 했어." 릴리는 전학 후 처음 참여하는 캠프라서 매우 들떠 있었다. 특히 프로그램 중에 부모와 함께하는 요리 시간이 있는데 그때 삼겹살을 구울 거라는 말은 여러 번 말했다. 가장 기대되는 시간인가 보다. 나는 잘 상상이 가지 않았다. 학교에서 삼겹살을 구워 먹는다고? 뭐 불가능할 일은 아니다. 운동장이 있으니까. 그래도 경험해본 적 없는 일이기에 신기하기만 했다.

오전에 먼저 등교한 아이들은 시를 쓰고 책을 낭독하는 시간을 가졌다. 이후 캠프 시각에 맞춰 학부모들이 학교를 찾았다. 릴리 아빠도 월차를 내고 함께했다. 아이가 속한 모둠이 적힌 교실로 들어가니 다른 학부모들을 만날 수 있었다. 한 학년에 한 반이기 때문에 1학년부터 몇 년을 함께한 부모들이 많았다. 나도 등하굣 길에 자주 인사를 나눴던 터라 어색하지 않았다.

어른들은 책상을 몇 개 붙여서 식탁처럼 만들고는 그 위에 신문지를 폈다. 그중 한 엄마가 물었다. "기름이 많이 튈 수 있으니 바닥에도 깔까요?" 삼겹살을 운동장이 아닌 교실에서 구워 먹는 거였다니. 순간 일탈을 하는 기분이 들어 괜히 더 신났었다. 교실은 공부만 하는 곳이라고 생각하며 살았는데, 간단한 요리도 아닌 냄새를 풍기며 삼겹살을 구워 먹는 공간이 될 수 있다는 것에 교실이 왠지 친숙하게 느껴지기도 했다. 나는 40살 넘어 처음 해보는 일을 이 아이들은 어린 나이에 하는 구나, 이렇게 고정관념에서 벗어나는 연습을 해나가겠구나 싶었다.

한 모둠에는 전교생이 섞여 있지만 늘 함께 노는 언니, 오빠들이기에 나이 상관없이 서로 친밀해 보였다. 자기들끼리 하는 이야기를 들어보면 누구 집에 동생이 몇 명인지까지 서로 잘 알고 있는 듯했다. 정말 가족 같았다.

만들어야 하는 메뉴는 삼겹살 이외에도 주먹밥, 햄 볶음 등 몇 가지가 더 있었다. 자연스레 앞에 놓인 재료를 손질하며 메뉴를 준비했다. "아빠! 아빠가 고기 잘 구우니까 삼겹살 구워줘." 릴리의 한마디에 릴리 아빠는 삼겹살 굽기 담당자가 됐다. 더운 여름날, 냄새 때문에 창문을 다 열었기에 에어컨도 틀지 못하는 상황에서 릴리 아빠는 땀 흘리며 열심히 삼겹살을 구웠다. 릴리는 그런 아빠의 모습이 좋았는지 연신 "아빠 최고!"라며 칭찬을 했다.

이렇게 먹는 삼겹살은 더 맛있겠지만, 아이들의 식성은 대단했다. 삼겹살 굽기에 끝이 보이지 않았다. 한참 삼겹살을 구운 릴리 아빠는 힘들었던 모양이다. 요리 시간이 끝나고 뒷정리를 하는데 릴리 아빠가 보이지 않았다. 어렵게 찾은 곳은 에어컨이 빵빵 나오는 학교의 도서관이었다. "어떻게 도서관을 알고 왔어?"라고 물으니, 밖에서 땀을 식히는 릴리 아빠를 보고 선생님이 알려주셨단다. 그러고는 삼겹살 열심히 구웠다고 선생님께 칭찬받았다며 흐뭇해한다. 어른이 되어서도 선생님의 칭찬은 좋은가 보다.

　우리 가족은 요즘에도 이때의 이야기를 하며 웃곤 한다. 릴리 아빠에게 삼겹살을 굽다 도망갔다며 내가 놀리면 릴리 아빠는 더 위에 많은 양을 굽느라 너무 힘들었다고, 그래도 다 굽고 나갔다며 억울하다고 말한다. 릴리는 아빠가 삼겹살을 잘 구워줘서 아빠 인기가 진짜 많았었다며 아빠 편에 선다. 항상 반복되는 레퍼토리이지만 릴리는 늘 큰 소리로 웃는다. 릴리가 중학생이 되면서 전보다 가족끼리 보내는 시간이 줄어들었다. 그래도 이때 꺼내 볼 추억을 시골에서 많이 쌓고 와서 정말 다행이고, 감사한 마음이다.

　학교에서 삼겹살을 구워 먹는 일이 불가능한 것은 아니다. 도시의 학교라고 못 할 것도 없다. 하지만 학생 수를 비롯한 여러 여건상 도시의 학교에서 실행에 옮기기는 어렵다. 시골 학교이기에 가능한 일들, 어찌 보면 소박한 것들이지만 아이들이 받는 영향은 소박하지 않다. 부모와 함께, 그리고 전 학년이 함께하는 요리 시간은 아이와 부모, 선후배 간의 유대관계를 깊게 만들었다. 그리고 함께 준비하고 완성하는 과정에서 아이들의 협동심도 상승했다.

영어는 포기할 수 없는데
괜찮을까?

원어민 선생님과 영어 캠프

릴리가 다녔던 도시의 학교는 원어민 선생님 한 분이 담당하는 학급 수가 많았다. 원어민 수업 횟수도 시골 학교에 비하면 매우 적었다. 도시의 다른 학교도 대부분 비슷한 상황일 것이다. 시골 학교에는 원어민 선생님 한 분이 늘 상주해 있고, 아이들과 함께 공도 차고 놀면서 영어로 의사소통을 하기에 아이들에게 영어가 일상으로 다가온다.

릴리를 운동장에서 기다리던 어느 날, 원어민 선생님을 만났다. 한눈에 알 수 있었다. 외국인이어서가 아니라 릴리가 그림으로 그려준 모습 그대로였기 때문이다. 릴리는 둘리의 마이콜을 그렸었다. 반가운 마음에 먼저 가서 인사를 했고, 릴리의 엄마라고 나를 소개했다. 담임이 아닌 이상, 전교생의 이름을 다 외우기는 힘드니 릴리를 모를 것 같아 조금 더 자세히 설명하려고 했는데, 선생님은 릴리를 잘 알고 있었다. 전교생을 다 알고 있는 듯했다. 릴리가 원어민 수업 시간에 참여가 활발하고 비슷한 발음으로 장난도 잘 친다고 말하시는 것을 보니 릴리를 정확히 알고 있었다. 그 당시 릴리는 rice(쌀), lice(머릿니)처럼 발음이 유사한 단어들을 용케도 찾아서 장난치기를 좋아했다.

"엄마, 원어민 선생님은 유치원 선생님이 되었다가 중학교 선생님이 되었다가 하셔." 릴리의 말은 원어민 선생님이 수업 시간에 아이들 개개인의 눈높이에 맞춰 설명을 해준다는 뜻이었다. 영어가 좀 서툰 아이에게는 온몸으로 설명을 했고, 영어를 좀 한다는 아이들에게는 말하는 문장에서 실수한 부분을 잡아주기에 이렇게 느낀 것이다. 한 명 한 명 아이들의 실력을 잘 알기에 가능한 일이다.

시골 학교의 영어 수업에서 원어민 수업만큼 만족스러웠던 것은 영어 캠프다. 매년 여러 명의 원어민 선생님이 오셔서 영어 캠프를 진행한다. 영어를 좋아하는 릴리는 이 캠프를 무척 좋아했다. 학교에서 캠프가 열리면 어떤 캠프건 릴리는 하교 후 말이 많아진다. "엄마, 오늘 영어 캠프에 오신 원어민 선생님들께 내가 선물을 드렸어." 집에서 준비해 간 것도 없는데 어떻게 선물을 했는지 궁금해 물어봤더니 학교 근처 마트에서 소라 과자를 사다 드렸다고 한다. 외국인 선생님들이 소라 과자를 아느냐고 물으니 "It's a traditional Korean snack(한국의 전통 과자입니다)이라고 말하고 드렸지"라고 말한다. 릴리의 얼굴에는 외국인 선생님께 한국 과자를 알렸다는 뿌듯함으로 가득 차 있었다.

담임선생님이 보내주신 캠프의 사진을 보니 비행기 표가 있다. 만든 것이지만 실제와 매우 비슷했다. "릴리야, 이번 캠프 때 비행기 탔어?" 나의 질문에 릴리는 가방에서 주섬주섬 무언가를 꺼내 온다. 비행기 표, 여권, 그리고 출입국 카드였다. 강당에 비행기 모형을 만들고 진짜로 비행기 표를 발권하고, 비행기를 타고, 출입국 카드를 쓰고, 다른 나라에 입국하는 놀이를 했다고 한다. 여권 속의 사증을 보여주며 릴리는 자기가 하루 동안 여러 나라를 다녀왔다고 장난스럽게 이야기한다.

사증이 찍힌 나라에 가려면 그 나라에 대해 알아야 했다. 아이들은 가고 싶은 나라에 대해 조사한 다음 또 영어로 열심히 문장을 만들었다. 이탈리아에 가고 싶은데 영어가 서툰 아이는 가면무도회의 가면을 만들어서 이탈리아에 갈 수 있었고, 미국에 가고 싶었던 아이는 "the Statue of Liberty(자유의 여신상)"라고 말하며 우리가 알고 있는 자유의 여신상 포즈를 취해서 갈 수 있었고 한다.

또 아이들이 각각의 나라가 되어서 자신의 나라를 지켜야 하는 놀이도 있었다. 자신이 맡은 나라에 대해 아이들이 영어로 퀴즈를 낸다. 퀴즈를 세 번 틀리면 자신의 나라가 없어진다. 릴리는 태국에서 한 달 살기를 했던 덕분인지 태국을 무척 좋아한다. 그래서 태국을 맡았는데 퀴즈를 모두 맞혀 자신의 나라를 지켰다고 한다. "What is the capital of Thailand?(태국의 수도는 어디입니까?)", "Is Thailand hot or cold?(태국은 덥습니까? 춥습니까?)" 질문은 대략 이랬다. 질문을 만들기 위해 아이들이 인터넷을 찾는 모습, 한글로 적고 영어로 옮기는 모습, 그리고 자신이 만든 질문을 보며 깔깔거리는 모습을 직접 보지는 못했지만 눈에 선하게 그려졌다.

아이의 영어 교육에 신경 쓰지 않는 학부모는 아무도 없을 것이다. 시골 학교의 영어 교육은 놀라움의 연속이다. 시골에서 도시로 전학 간 릴리 반 친구의 엄마가 나에게 이런 말을 했다. "다른 건 몰라도 영어 교육만은 시골 학교가 훨씬 좋아요. 영어를 생각하신다면 절대 도시로 전학 가지 마세요." 도시 학교와 시골 학교를 모두 경험해본 내 생각도 같다. 릴리의 시골 학교뿐만 아니라 특성화를 위해 많은 시골 학교들이 영어 교육에 특히 신경을 쓰고 있다.

그리고 조금 더 신경 쓴다면 누릴 수 있는 방법이 더 있다. 바로 지역 내 대학교의 평생교육원 영어 회화 코스를 등록하는 것이다. 나와 릴리는 같이 등록해서 다녔다. 지역 주민이면 누구나 신청이 가능했기에 초등학생인 릴리도 함께했다. 원어민 교수님께 영어를 배울 수 있는 것도 좋았지만, 릴리와 함께 수업을 듣고 같은 숙제를 받고 같이 공부한 시간은 더 좋은 추억이 되었다. 시골 유학을 영어 때문에 망설일 것이 아니라 시골 유학을 가면 살아 있는 영어를 배울 수 있다고 생각했으면 좋겠다.

소수만 누리는
혜택은 아닐까?

모두에게 공평한 교육의 기회

"국어는 OO학원이 좋고, 영어는 OO학원이 문법을
잘 잡아줘. 수학은 과외를 시킬 건데, 이 과외 선생님이 작년에
가르쳤던 학생이 서울대를 갔대. 5명만 모집한다니까 릴리도 할
거면 말해줘."

도대체 어디서 이런 정보를 알아내는 걸까? 릴리가 도시 학교
에 다닐 때 같은 아파트에 사는 엄마의 정보력에 매번 놀라곤 했
다. 정보의 범위도 전국구다. 학원이야 그 지역에서 보낼 수밖에
없지만, 과외 선생님의 프로필은 전국구로 갖고 있었다. 학습뿐

만이 아니다. 아이들의 예체능 선생님도 이 엄마를 통하면 바로 연결할 수 있다. 이 엄마의 주변에는 정보를 하나라도 더 얻어가려는 다른 엄마들이 항상 함께했다.

시골 유학을 오면서 이 정도는 아니지만, 어느 정도 정보력이 있어야 하는 거 아닌가? 기본적인 정보조차도 알기 힘들지 않을까? 이런 걱정을 했었다. 하지만 시골에서는 정보를 쫓아다니느라 힘들일 필요가 없다. 족집게 강사 같은 과외 정보는 아니지만 아이 교육을 위한 정보를 어디서든 편하게 접할 수가 있다.

어느 날, 학교에서 알림장이 왔다. 희망자는 과학 실험 교실을 신청하라는 내용과 커리큘럼이 적혀 있었다. 알림장을 계속 살펴봐도 참가비는 안 보였다. 신청 첫날, 10분 전부터 나는 컴퓨터를 켜고 대기를 했다. '분명히 바로 마감될 거야. 접속하자마자 성공해야 이 수업을 신청할 수 있어!' 온 정신을 집중했다. 1분 전부터 새로 고침을 열심히 클릭했고, 정시가 되자 신청해주셔서 감사하다는 메시지가 떴다. 그렇게 릴리의 과학 실험 교실을 무사히 신청했다.

며칠 뒤, 과학 실험 교실이 열리는 센터로 이동하며 릴리에게 물어봤다. "릴리야, 반에서 몇 명이나 과학 교실에 가?" "나만 가." "그럼 너만 선착순 안에 들은 거야?" "아니, 나만 신청한 거야." 음? 나 뭐 한 거지? 도시 생활에서 몸에 밴 선착순 경쟁은 시골에서는 불필요한 습관이었다. 궁금해졌다. 이런 프로그램을 왜 신청하지 않은 걸까?

현지에서 나고 자란 지민이네는 작년에 이 수업을 들었는데 너무 좋았다고 한다. 매년 프로그램이 바뀌어서 이번에도 신청하고 싶었는데 동생이 생겨 시간이 여의치 않아 신청을 못 했다고 했다. 석진이네는 센터와 거리가 멀어서 올해는 쉰다면서 내년을 기약했다. 꼭 이번이 아니더라도 기회는 앞으로도 많았기에 경쟁이 치열하지 않았던 것이다.

그런데 릴리처럼 도시에서 시골 유학을 온 다른 아이들도 프로그램 참여에 소극적이었다. 이유를 물어보니 도시보다 교육의 질이 낮을 것 같아 굳이 듣지 않는다고 했다. 4년간 이러한 프로그램을 경험한 결과, 도시와 견주어도 모자랄 것이 없다고 자신 있게 말할 수 있다. 오히려 시골 유학 와서 처음 접했던 과학 프로그램의 수준은 시골 교육에 대해 작게나마 남아 있었던 편견을 지우기 충분했다. 프로그램이 이루어지는 공간에는 실험 도구들도 잘 갖춰져 있었고, 과학 영재 교육을 담당하는 선생님께서 지도를 맡으셨다.

릴리가 과학 실험 교실에서 처음 완성한 것은 런던 시계탑 빅벤 모양의 불이 들어오는 조명이었다. 살펴보니 하나하나 전선을 연결해서 만들었고, 스위치를 누르면 마치 크리스마스 전등처럼 불빛의 모양이 바뀌었다. 교육지원청에서 내준 재료비가 좀 들었을 것 같다. 릴리가 이런 걸 만들었다니 대견했다.

시골 유학을 하는 동안 조금만 부지런하면 다양한 교육을 누릴 기회가 많다. 도시에서는 과학 실험 학원 하나만 보내도 20만 원 이상의 비용을 내야 했다. 도시맘인 우리는 도시의 물가를 알고 있기에 더 부지런해질 수 있다. 과학 실험 교실은 지역의 교육지원청에서 아이들을 위해 실시하는 무료 교육이다. 이 밖에도 지역의 대학에서 하는 지원 교육, 도농 간의 교육적 격차를 줄이기 위해 정부에서 하는 지원 교육 등 다양하다. 누릴 수 있는 프로그램은 과학 실험 교실 외에도 많다. 드론이나 코딩 수업은 지역의 대학에서 지원한다.

릴리도 드론 수업을 들은 적이 있는데 이론만 배우는 것이 아니었다. 모든 학생들이 교수님의 설명을 따라 직접 자기만의 드론을 조립해본다. 릴리는 자기가 만든 드론이 이렇게 잘 뜬다며 뿌듯해했었다. 가끔은 이곳에 내려와 작업을 하는 도예가나 미술 작가들이 지역 아이들을 위해 무료 수업을 열기도 한다. 우리가 도시에서 아이들을 위해 정보를 찾는 데 쏟았던 열정의 반만 들여도 시골에서의 모든 교육 정보를 찾아 경험해볼 수 있다.

이런 정보들은 학교에서 대부분 공문으로 보내준다. 그리고 시골에는 정보를 접하는 재미있는 방법이 한 가지 더 있다. 바로 현수막이다. 청소년 문화센터의 프로그램, 지역의 행사뿐만 아니라 군청의 어느 공무원 진급 소식부터 어느 집 자녀의 대학 합격 소식까지 현수막만 보면 다 알 수 있다. 시골 유학을 와서 거리를 지날 때는 현수막을 꼭 살펴보자. 나에게 유익한 정보가 보일 것이다.

지금 잠깐만
도움 되지 않을까?

힘들 때 찾아올 마음의 고향

시골 학교는 대부분 한 학년에 한 반이라서 입학했던 친구들과 6년을 같이 한다. 전학생인 릴리는 4년 남짓을 같이 했다. 한 학년씩 올라갈 때마다 새로운 친구들과 다시 반을 꾸려야 하는 도시 학교 아이들보다 더 깊은 유대 관계가 형성되는 것은 당연하다. 돈독한 만큼 졸업식은 눈물의 현장이 된다. 아이의 졸업식 날, 나도 처음 이 학교에 왔을 때부터 지금까지 보내온 모든 시간이 머릿속을 스치며 만감이 교차했다.

릴리가 시골 유학을 시작할 때는 지금처럼 시골 유학이 알려졌을 때가 아니었다. 주변에 시골 유학을 떠난다고 말하면 "잘 생각 했어"가 아닌 "시골로? 왜?"라는 질문을 더 많이 들었었다. 마치 내가 아이의 공부를 포기해서 시골로 가는 것처럼 보는 듯했다. 처음에는 공부할 힘을 길러주기 위해서 선택했다는 내 의지와 시골 유학의 장점을 열심히 설명했지만 점차 지쳐갔다. 내 결정이 맞는 것인지 의문이 드는 순간도 있었다.

　시작하기까지는 쉽지 않았지만 시작하면서부터는 감사한 순간이 많았다. 졸업하는 아이들을 바라보고 있으니 지나간 계절이 떠올랐다. 한쪽 신발을 벗어 논에서 잡은 우렁이를 가득 넣어오던 아이들. 이미 발바닥에 진흙과 물기가 가득 묻었는데도 가능한 한 땅에 닿지 않으려 발가락만 딛고 아슬아슬 걸어오던 아이들. 무더웠던 어느 날, 좁은 나무 그늘에 옹기종기 모여 있던 아이들. 10년 만의 폭설로 도로가 엉망이 되었지만 눈보다 더 새하얀 미소를 띠며 눈 놀이를 즐기던 아이들. 전교생이 서로 얼굴을 알기에 등하교 때 언니, 오빠 부르며 반기는 모습이 생각나며 나도 눈물이 맺혔다.

　학교에서는 졸업 선물로 꽃다발과 선물, 그리고 장학금을 준비해줬다. 그리고 교장 선생님이 한 사람, 한 사람 앞으로 호명해

직접 졸업장을 전해주었고, 그때마다 스크린에 호명된 아이의 사진과 장래 희망, 친구들에게 하고 싶은 메시지가 떴다. 도시에서 교장 선생님께 직접 졸업장을 받는 일은 매우 드물다. 인원 수 때문에 대표로 한 아이가 받으니, 고등학교 졸업할 때까지 교장 선생님께 졸업장을 받는 아이보다 받지 못하는 아이가 더 많다. 누군가에겐 종이 한 장에 불과한 졸업장일 수 있지만, 교장 선생님이 어른들 중 가장 커 보이는 초등학생 때 교장 선생님께 직접 졸업장과 축하 인사를 받는 일은 어린이들 인생에 꽤나 기념비적인 이벤트다.

초등학교 6년을 무사히 졸업했다는 것은 건강하게, 무탈하게, 씩씩하게 아동기를 보내고 청소년기에 접어들었다는 뜻이다. 모두가 하는 일이라 당연해 보이지만, 정말 큰일을 해낸 것이다. 내 이름이 호명되고 앞에 나가 졸업장을 받는 시간은 잠깐이지만, 그 순간 아이들은 자신이 이토록 대단한 일을 해냈음을 깨닫고 뿌듯함을 느끼고 자신이 나아갈 또 다른 세상을 기대하게 된다. 그래서 시골 유학을 고민하는 부모들에게 시골 학교의 졸업식을 꼭 경험해봤으면 좋겠다고 이야기한다.

선생님께서는 학부모들에게 졸업식을 마치고 나오는 아이들을 교문에서 맞이해주면 좋겠다고 하셨다. 교문 앞에 옹기종기 모여 있는 엄마, 아빠를 향해 아이들은 달려와 약속이라도 한 듯 장학 증서를 보여주며 자랑한다. 그리고는 운동장으로 가서 마지막의 아쉬움을 달래듯 신나게 논다. 나는 장학증서를 보며 생각했다. '그래, 이게 또 너희의 자존감을 높여주겠구나. 교복을 입고 새로운 학교로 첫걸음을 내딛는 데 큰 힘이 되겠구나.'

집으로 돌아오는 길 차 안에서 릴리가 말한다. "엄마, 나는 고성에 오면 만날 수 있는 친구들이 있어. 부럽지?" 릴리의 말에 대학생 때가 생각이 났다. 무슨 일 때문이었는지는 기억나지 않지만, 동기와 한참 서로의 고민을 나누고 있었다. 갑자기 동기가 말했다. "머리 좀 식히러 고향에 다녀올게." 삼척 출신인 그 친구가 그때만큼 부러운 적이 없었다. 릴리에게도 힘들 때 언제든 찾아올 수 있는 고향과 친구들이 생겼다. 어른이 되어 세상이 힘들게 느껴지는 순간 릴리는 이곳을 찾아와 위로받겠지? 그거면 됐다.

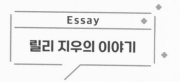

선생님이 수학을 어려워하는 친구에게 수학을 가르쳐주라고 하셨다. 싫다고 할 수도 없고, 솔직히 처음에는 좀 귀찮았다. 그리고 그 친구도 별로 배우고 싶어 하는 것 같지 않았다. 괜히 가르쳐줬다가 고생만 하고 친구와 사이가 나빠지는 것은 아닐까 걱정도 됐다.

고민이 됐다. 친구의 자존심을 지켜주고 싶었다. 이런 경우에는 내가 먼저 흑역사를 말하면 된다. 역시 내가 수학을 빵점 맞은 적이 있다는 흑역사를 말한 후로는 친구가 편하게 수학을 물어봤다. 가르쳐주다 보니 더 열심히 가르쳐주고 싶어졌다. 그리고 수학을 배우는 친구는 남자애였는데 내 설명을 열심히 듣는 모습에 조금씩 좋아지기 시작했다. 그 남자애는 운동을 잘했다. 그러던 어느 날 체육 시간, 나는 그 남자애의 모습을 보고 그 애를 좋아하게 됐다. 그때부터는 수학을 가르쳐주는 시간이 너무 좋았다.

신기하게도 가르쳐주면서 수학이 점점 재미있어졌다. 그래서 다른 친구들에게도 수학을 가르쳐줬다. 영어 단어를 외우는 나만의 비법도 알려줬다. 친구들은 고맙다며 자기들이 잘하는 것을 알려주기도 하고 과자를 사주기도 했다. 친구들에게 배우는 것은 선생님께 배우는 것보다 무엇이든 상관없이 이해가 더 잘됐다.

중학교에 와서도 시험을 보는 날이면 친구들이 내가 정리한 내용을 보려고 내 자리로 온다. 친구들에게 무언가 알려주려면 요점을 정리해야 하는데 시골 학교에서 품앗이 교육을 하며 친구들에게 알려주기 위해 요점을 정리했던 습관이 시험공부에 많은 도움이 됐다. 그런데 반 편성 고사 이후에는 복사해서 나눠주지는 않는다. 아무도 그렇게 하지 않아서 나도 안 한다. 그래도 요점 정리한 것을 보여주기는 한다.

시골 학교에서는 반에 10명도 안 됐지만 싫은 친구도 있었다. 매일 나를 놀리는 친구. 그 친구도 남자애인데 너무 싫었다. 특별한 이유도, 사건도 없는데 나를 놀렸다. 사실 그 애 때문에 짜증 나서 전학을 가고 싶기도 했다. 엄마한테 얘기를 했더니, 어차피 다양한 경험을 하러 온 시골 유학인데 전학을 가보는 것도 나쁘지 않겠다며 바로 전학을 준비하자고 했다. 앗! 조금 더 다녀보라고 할 줄 알았는데! 예상을 빗나간 엄마의 반응이었다. 바로 전학 가기는 싫어서 내가 더 생각해보겠다고 했다.

나는 이렇게 짜증이 나는데 다른 친구들은 이 남자애가 놀려도 그냥 무시했다. 유치원부터 함께해왔다고 하던데 적응이 됐나 보다. 나는 적응이 안 됐다. 선생님께 말을 했고 그 애는 선생님께 여러 번 혼나고서야 고쳐졌다. 고쳐진 결정적인 계기는 선생님이 그 애의 집에 전화를 했기 때문이다. 역시 집에 알리는 것이 직방이다. 그리고 선생님은 항상 내 편에 서 주셨다. 친구들과 가끔 말다툼이 있기도 했고, 그 애가 나를 놀려 선생님께 혼나는 날도 있었지만, 학년이 올라갈수록 시골 학교에서 힘든 점은 없었다. 나도 이 애한테 적응을 한 건가?

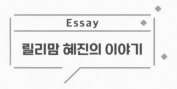

설악산을 한 번이라도 본 사람이라면 그 웅장함에 감탄했을 것이다. 릴리를 등하교 시킬 때마다 설악산의 품에 안긴 듯 느껴지는 도로를 지나야 한다. 이 길 위에서는 특히 울산바위가 잘 보인다.

처음 시골로 이주하느라 바쁘던 일들이 어느 정도 마무리될 즈음이었다. 집까지 운전해서 가는 길에는 5분 거리의 직선도로가 나온다. 그 위에 서면 바로 눈앞에 설악산이 펼쳐진다. 늘 보던 설악산이었는데 그날따라 설악산을 바라보다 눈물이 났다. 항상 웅장하게 자리를 지키던 설악산이 오늘은 왠지 나를 따뜻하게 안아주며 위로해주는 것 같았다. 마치 나에게 "스스로를 잘 돌봐야 해"라고 말하는 것 같았다. 나는 나를 잘 돌보며 살았나?

이후로도 매일 그 도로를 지날 때마다 설악산에게 질문을 받고, 위로를 받았다. 내 마음도 많이 지쳐서 휴식이 필요했구나. 엄마라는 이름으로 살기 시작하면서 나를 많이 잃어버리고 소홀했구나. 설악산의 물음에 드디어 답을 찾았다. 그날부터 나를 돌아보며 나의 지난 시간을 위로해주기 시작했다. 괜찮은 척, 아프지 않은 척했던 시간은 그렇게 지나가며 끝난 것이 아니라 생채기를 남겼던 것이다.

날씨에 따라 설악산은 다른 얼굴을 했다. 아주 다른 산처럼 느껴질 때도 있었다. 그때마다 나에게 다른 말을 건네는 듯했다. 맑은 날이면 나무 한 그루, 한 그루가 선명하게 보였다. 이것들이 모여 이렇게 웅장한 산을 만들었구나. 나의 하루하루가 쌓여 인생이 될 테니까 오늘을 잘 살아보자는 생각을 했다. 구름으로 설악산이 뒤덮여 그 큰 설악산이 잘 보이지 않는 날도 있었다. 내 삶에도 분명 이런 날이 있었고 앞으로도 이런 날이 올 테지만, 구름은 언젠간 걷힌다는 것도 알게 해주었다. 고성은 거센 바람이 자주 분다. 그런 날에도 꿋꿋하게 서 있는 설악산의 위세 앞에서는 겸허해지기도 했다. 하지만 설악산이 나를 안아주고 위로해준다는 느낌은 변함없었다.

스스로 깊이 들여다보기 전에는 눈치 채지 못할 생채기. 그 크기는 다르겠지만 생채기가 없는 사람은 없다. 만약 내가 내 마음을 들여다보지 않고 방치했다면 지금은 생채기가 곪아서 아파했을 것이다. 설악산을 통해 나를 들여다보며 치유하는 시간을 가진 후 더 행복해질 수 있었다.

　'엄마가 행복해야 아이가 행복하다'라는 말에 모든 엄마가 공감한다. 하지만 엄마인 우리는 자신의 행복을 생각하고 고민하는 데 얼마나 시간과 마음을 들일까? 꼭 필요한 시간이다. 자신을 위해 시간을 나누어주자. 나의 인생은 시골로 내려온 전과 후로 나뉜다. 가장 큰 차이점은 어떤 선택이나 결정을 내릴 때 '나의 행복'을 잊지 않는다는 것이다. 때로는 그 순위가 가족이나 특히 아이에게 밀리기도 하지만 나의 행복을 완전히 배제하지는 않는다. 그래서는 안 된다는 것을 비로소 알게 되었다.

학원에 안 보내도 괜찮을까?

도시와 학습 격차가 나지 않을까?

엄마만 더 고생하는 거 아닐까?

초등학교 고학년도 가능할까?

도시에서 시골 학교처럼 가르칠 수 있을까?

도시에서 시골처럼 여유로울 수 있을까?

자연에 살면 정말 창의력이 생길까?

학원에 안 보내도 괜찮을까?

엄마표 학습으로 영재원과
사립중학교에 합격한 노하우

　　도시처럼 아파트 앞 상가만 가도 학원이 즐비한 환경이었다면 내가 과연 엄마표 학습을 지속할 수 있었을까? 도시에 비해 학원에 가기 쉽지 않은 환경 속에서 사교육의 유혹에 흔들릴 때마다 학원을 보내기 위해 시골 유학을 온 것이 아니라는 초심을 다잡았다. 사실 처음부터 엄마표 학습만으로 릴리의 아웃풋이 영재원과 사립중학교까지 이어질 거라는 확신은 없었다. 하지만 학원을 배제한 대신 아이에게 맞는 온택트 학습 콘텐츠를 찾기 위해 더 노력했고, 공부량보다 공부 환경과 질을 더 생각하게 되었다. 결과적으로는 학원을 다니지 않은 덕에 엄마표 학습이 진화한 것이다.

많은 아이들이 시골 유학을 하면서 릴리의 학습 방법을 선택하면 좋겠지만, 현실상 이주가 어려운 집도 있다. 시골 유학을 너무 가고 싶지만 당장은 갈 수 없는 분들을 위해 내가 시골에서 배운, 시골에 있었기에 찾을 수 있고 발전할 수 있었던 자녀교육법을 공유하려고 한다.

책상을 거실로 옮기기

공부의 신 강성태 강사가 말했다. "집에 들어와 책을 펼칠 때까지의 시간을 최소화해라. 그렇지 않으면 10분만 쉬어야지 하는 것이 한 시간, 두 시간이 될 수 있다." 릴리 역시 책을 펼칠 때까지의 시간을 최대한 줄이기 위해 쓴 방법이 있다. 책상을 거실에 두는 것이다. 방에서 문을 닫고 있으면 부모 입장에서는 아이가 공부를 하는 건지, 마는 건지 알 수 없어 괜히 더 아이를 재촉하게 된다. 아이 입장에서는 뭔가 궁금하거나 막힐 때면 방문을 열지 않고도 엄마를 찾을 수 있어 편하다.

책장도 거실로 옮겼다. 높이도 일부러 아이의 눈높이에 맞췄

다. 이렇게 하면 일부러 책을 찾으러 방까지 가지 않아도 되고, 눈에 계속 보여서 쉽게 손이 간다. 책상에는 공부하는 책 이외의 것은 올려두지 않았다. 책상 위에 다른 물건이 있으면 시선이 분산되어 집중력이 흐려지기 마련이다. 아이가 조용해서 공부하는 줄 알았더니 조용히 지우개를 파고 있는 모습을 한 번쯤 본 적이 있을 것이다.

거실을 공부하는 환경으로 만들려면 당연히 TV도 거실에서 치워야 한다. TV 시청의 장단점을 떠나서 TV라는 엄청난 유혹 거리가 눈앞에 아른거리지 않아야 책상까지 가는 시간을 줄일 수 있다.

하루 여덟 시간 수면

충분한 수면은 아이의 집중력뿐만 아니라 성장을 위해서도 신경 써야 한다. 미국 국립수면재단National Sleep Foundation에서 발표한 자료에 따르면, 10대 아이들의 적정 수면 시간은 여덟 시간이다. 릴리는 초등학생 때 9시에 자서 7시에 일어났다. 중학생인 지금은 10시에 잠을 자고 6시에 일어난다. 충분히 자고 일어나니 릴리는 항상 기운이 넘친다. 무엇보다 일찍 자고 일찍 일어나는 습관은 릴리의 아침을 여유롭게 만들어줬다.

아이들이 제시간에 잠들기 위해서는 깨어 있을 때 충분히 에너지를 소모해야 한다. 아직 몸에 에너지가 남아 있는데 일찍 자라고 잔소리하는 것은 서로에게 스트레스만 될 뿐이다. 릴리는 야외 활동으로 에너지를 쏟는다. 이 점에서 시골이라는 환경은 더욱 도움 됐다. 그 덕분인지, 릴리는 시골 유학 4년 동안 감기나 잔병 때문에 병원을 찾은 적이 한 번도 없었다. 축구를 너무 열심히하다가 다리를 삐끗해서 정형외과에 두 번 간 게 전부이다.

하브루타 자습법

'하브루타'는 짝을 이뤄 서로 공부한 것에 대해 질문을 주고받으면서 논쟁하는 유대인의 전통적인 토론 교육 방법이다. 나와 릴리는 하브루타라는 걸 알기 전부터 하브루타로 공부하고 있었다. 물론 질문의 비중은 내가 더 크다.

릴리가 혼자서 문제를 풀면, 나는 그중 몇 개의 문제를 화이트보드에 적어가며 설명하게 한다. 그리고 "왜 그렇게 되는 건데?", "엄마는 이렇게 생각했는데 아닌 거야?" 같은 질문을 던지며 엄마를 이해시키도록 한다. 다른 사람에게 설명해주었을 때 기억에 오래 남기 때문이다.

좋은 방법이지만 매일 하면 엄마도 지칠 수 있다. 일주일에 한 번 정도, 한두 문제만 하더라도 효과가 있다. 아이가 엄마에게 잘 보이기 위해 최선을 다해 설명하는 모습을 보고 있으면 귀엽기까지 하다.

예습보다 복습

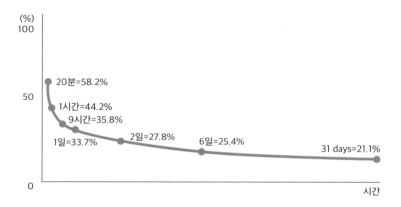

독일의 심리학자 에빙하우스Herman Ebbinghaus가 그린 망각 곡선이다. 학습 후 20분이 지나면 58.2%만을 기억하고, 2일이 지나면 27.8%만 기억에 남는다고 한다. 반복 학습이 필요한 이유다. 하지만 대부분 선행과 현행에 중심을 두고 후행을 잘하지 않는다.

릴리의 경우 부족한 부분은 한 학년 아래의 문제집도 푼다. 선행은 수준에 맞는 문제집을, 현행은 학교 진도에 맞는 문제집과 수준보다 높은 문제집을 사용한다. 후행은 응용 문제 등 릴리가 부족했던 부분을 반복적으로 풀게 한다. 자주 틀리는 문제는 위에 설명한 하브루타 방식으로 화이트보드에 쓰고 설명을 하게 한다.

역사 과목은 스토리텔링으로

릴리는 한국사나 세계사에 대해 강의를 해도 되겠다 싶을 만큼 잘 알고 있다. 적절한 비유와 예시를 참 잘 든다. 릴리는 역사 과목은 따로 공부하지 않았다. 그때그때 연령에 맞는 한국사, 세계사 전집을 읽었을 뿐이다. 반복해서 읽으면 지루할 것 같아 각 다른 출판사에서 나온 전집을 사줬다. 초등학교 때 한국사와 세계사를 잡아두니 중학교에 와서 역사 과목 공부하는 시간을 아낄 수 있었다. 역사 과목은 단순 암기가 아닌 스토리텔링으로 접근해야 한다. 내가 주변 엄마들에게 "암기가 아닌 이해를 시키라"고 권유하는 이유도 이 때문이다.

도시와 학습 격차가
나지 않을까?

온택트 학습 콘텐츠 고르는 법

　　많은 사람이 이야기한다. 코로나 시대가 끝나도 코로나 이전의 세상으로 돌아가지 않을 거라고. 코로나는 온택트 시대를 가져왔다. 온택트란 비대면을 일컫는 '언택트Untact'에 온라인을 통한 '외부와의 연결On'을 더한 개념으로 온라인을 통해 대면하는 방식을 말한다.

　　온라인 학습에서 더 발전한 단계가 온택트 학습이다. 온라인 학습이 영상을 통한 일방적인 교육 형태라면 그 연장선이 오프라인까지 이어지는 것이 온택트 학습이다. 온라인 학습 후 선생님께 질문을 할 수도 있고, 학습을 잘해서 받은 점수가 실제로 사용 가능한 쿠폰 등으로 환산되어 오프라인에서 물건을 살 수도 있다. 그리고 전문 튜터에게 관리도 받을 수 있다. 가끔 온택트 학습 프로그램을 관리하는 전문 튜터를 이야기하면 프로그램 속 AI나 가상 인물로 생각하는 경우가 있는데, 아니다. 아이의 온택트 학습을 관리해주고, 아이와 전화 통화로 일주일에 한 번 정도 학습에 대해 이야기를 나누며, 아이의 학습 상황을 부모에게 알려주는 선생님이라고 생각하면 된다.

온택트 학습의 발달로 이젠 '어디에서' 공부하느냐는 별로 상관없어졌다. '어떻게' 공부하느냐가 중요한 시대이다. 시골 유학을 도시와의 학습 격차 때문에 망설인다면 걱정하지 말라고 말하고 싶다. 도시에서의 1등 공부법이 아닌 시골에서의 1등 공부법을 도시 엄마들에게 전파하는 나만 봐도 안심이 되지 않을까? 내가 시골에서 온택트 학습을 하며 지켰던 몇 가지 수칙을 공유하겠다. 이건 도시든 시골이든 어디에서나 지킬 수 있다.

코로나는 대치동 일타 강사를 방구석으로 불러왔다. 사회적 거리 두기가 길어지면서 온택트 학습 콘텐츠가 급속도로 늘어났다. 퀄리티 역시 좋아졌다. 이제 중요한 것은 내 아이에게 맞는 콘텐츠를 고르는 것이다. 콘텐츠를 고를 때 많이 하는 실수가 있다. 아이가 아니라 엄마가 원하는 콘텐츠를 고르는 것이다. 그러면 안 된다. 공부는 엄마가 아니라 아이가 한다는 것을 잊지 말자.

아이가 원하는 콘텐츠 선택하기

좋은 콘텐츠란 내 아이에게 잘 맞는 콘텐츠다. 광고만 보고는 좋은 콘텐츠인지 알 수 없다. 경험해봐야 한다. 대부분의 학습 콘텐츠는 2주간의 무료 체험 기회가 있다. 2주만 해봐도 아이가 좋아하는 콘텐츠가 무엇인지 파악할 수 있다. 엄마가 보기에 다른 것이 더 좋아 보인다 해도 아이의 선택을 그대로 따라야 한다.

아이가 공부할 때 옆에 있어주기

아이에게 맞는 콘텐츠를 선택했다고 끝난 것이 아니다. 아이가 혼자 하게 두어서는 안 된다. 자기주도 학습이란 아이가 혼자 하는 것이 아니라 혼자 할 수 있게 도와주는 것이니까. 혼자 앉아서 잘 공부하면 좋겠지만, 아이는 집중력이 떨어지면 금방 딴짓을 한다. 그 짧은 시간이 반복되면 온라인 강의를 켜놓고 당당히 딴짓을 하지만, 어쨌든 강의는 끝까지 들었다고 생각하는 악순환이

벌어진다.

비대면 강의의 단점은 선생님 혼자 떠드는 일방적인 수업이라는 것이다. 이때 부모가 옆에 있어주면 양방향 수업으로 느낄 수 있다. 아이가 공부하는 모습만 바라보고 있으라는 말이 아니다. 엄마들도 이래저래 할 일이 많지 않은가. 공부하는 아이 곁에서 엄마가 하고 싶거나 해야 하는 일을 하면 된다. 책을 읽어도 좋고, 회사 업무가 남았다면 그것을 해도 좋다.

이때 나는 릴리 옆에서 블로그를 했다. 시골 유학의 삶을 기록했던 것들이 지금 이 책의 초석이 되었다. 나의 추천으로 아이가 공부할 때 옆에서 같이 시간을 보냈던 직장맘인 지인은 이런 후기를 전했다. "퇴근 후 집에 와 집안일을 하다 보면 책 한 장 제대로 읽을 여유가 없었어요. 아이가 학습할 때 옆에 있어주는 시간이 이젠 저를 위한 독서 시간이 되었어요."

아이의 공부를 방해하지 않는 선에서 무엇을 해도 좋으니, 엄마들이 아이 옆에 있어주는 것을 또 하나의 일로 생각하지 않으면 좋겠다.

채점은 엄마가 해주기

나는 릴리가 문제를 풀면 꼭 직접 채점을 해준다. 서술형 문제를 틀리면 왜 이렇게 생각했냐고 메모를 단다. 그럼 아이는 그것을 설명하기 위해 곰곰 생각하다가 자신의 오류를 발견한다. 잘한 부분은 반드시 칭찬을 써준다. 아이는 한 번 부모의 칭찬을 들으면 더 잘하려 스스로 노력한다. 릴리가 서술형 답변을 잘 쓰면 내가 good이라고 써준다. 이 단어 하나가 뭐라고, 자기 생각에 잘 쓴 답에 내가 good을 써주지 않으면 따진다. "엄마, 이거 내가 good 받으려고 열심히 썼는데 왜 동그라미만 있어?"

이 세 가지 방법만 잘 실천해도 온택트 학습의 효과를 알게 될 것이다. 이제 온택트 학습은 선택이 아닌 필수가 되어가고 있다. 부모들도 여기에 발맞춰 나가야 할 때이다.

엄마만 더
고생하는 거 아닐까?

자기주도성을 기르는 온택트 공부법

온택트 학습의 장점은 알지만 제대로 실천하기가 어렵다는 엄마들이 많다. 엄마가 계속 옆에서 챙겨줘야 하니 전업주부인 엄마만 가능한 거 아니냐는 질문도 종종 받는다. 물론 온택트 학습이 이렇게 대중화되기 전에는 엄마가 모든 것을 해야 했다. 하지만 세상이 조금씩 변하고 있다. 이제 엄마도 지치지 않고 학습을 이어갈 수 있다.

영어 과목만 봐도 예전에는 엄마가 CD나 DVD를 틀어주거나 책을 읽어줘야 했다. 영어 작문이나 문법은 따로 공부하지 않는 이상 엄마들에게도 어려운 영역이다. 하지만 요즘은 온택트 학습 프로그램을 통해 읽기, 쓰기뿐 아니라 리딩 억양까지도 체크가 가능하다. 릴리의 학습 프로그램을 보면 반복 학습도 자연스럽게 할 수 있게 되어 있다. 수학 과목은 클릭 한 번으로 틀린 문제만 모아서 풀 수 있으며, 모르는 문제는 전용 펜을 이용해 그 번호를 찍으면 바로 강사의 해설 영상을 볼 수가 있다. 그리고 비슷한 유형의 문제를 풀어보고 싶으면 프로그램 속 AI가 문제를 만들어서 제시하기도 한다.

나는 코로나로 온택트 학습이 활성화되기 전부터 영상 강의에 관심이 많았다. 국내외 한 달 살기로 인해 학교를 며칠 빠질 때마다 그 공백을 줄여줬기 때문이다. 인터넷이 되는 전 세계 어느 곳에서나 이용할 수 있으니 여행을 가면 그냥 빠질 수밖에 없는 학원보다 더 유용했다.

하루의 학습량을 정해두고 그것을 끝내면 자유 시간을 주는 게 좋다. 릴리를 보면 처음에는 두 시간 걸려 했던 학습량도 정해진 양을 끝내면 놀 수 있다는 생각에 그 시간이 점점 줄어들었다. 학습을 끝내는 시간이 빨라졌다고 학습량을 늘리면 안 된다. 그러면 아이는 다시 공부를 천천히 한다. 나의 경험담이다. 이런 건

알려주지 않아도 어찌 이리 머리를 잘 쓰는지 모르겠다. 학습량
은 한 학기가 끝날 때나 한 챕터가 끝날 때 조절하는 것이 좋다.
초등 저학년 때는 부모가 계획을 세워주거나 온택트 학습을 관리
해주는 전문 튜터와 상의해 정하는 것이 좋다. 하지만 고학년이
될수록 아이가 직접 전문 튜터와 상의하거나 스스로 계획을 짜게
해보자. 계획한 학습을 해냈을 때 아이의 자존감이 더 상승한다.

　온택트 학습을 지속하면서 공부법은 잡혔지만 고민거리가 있
었다. 바로 자세였다. 온택트 학습을 하다 보면 자꾸 삐뚤어지는
릴리의 자세가 걱정되었다. 저런 자세에서 뭐가 머리에 들어갈
까 싶기도 했다. 그래서 쉬는 시간을 만들어줘야 한다. 처음에는
20분 지나면 쉬고, 그다음은 30분, 이렇게 차츰 늘려나가면 된다.
개인차가 있겠지만 릴리는 50분을 넘기지 않는 것이 효과적이다.
릴리는 이 과정을 통해 자기주도 학습을 완성했다. 전문 튜터와
아이가 직접 상의해서 학습 일정을 정한다. 일정이 생각보다 버거
울 때는 다시 선생님과 상의해 일정을 조정한다.

　학습을 하다가 궁금한 점이 있으면 각 과목의 선생님과 소통하
는 게시판에 질문을 하고 답을 얻는다. 학습에 관련된 것뿐만 아
니라 궁금한 것은 무엇이든 물어볼 수 있다. 물론 게시판에 질문

을 남기면 답을 받기까지 약간의 시간이 소요되지만 그래도 하루를 넘지는 않는다. 즉시 답변을 해주는 시간도 따로 마련되어 있는데 릴리는 이 시간을 잘 활용한다. 내가 시킨 것도 아니다. 나도 답변을 해주는 시스템에 대해서는 릴리에게 자세히 들었으니까. 가끔 내가 릴리에게 무엇을 물어보면 "엄마, 그건 과학 분야로 볼 수 있으니까 두 시간 후에 즉시 답변 시간인데 물어봐줄까?"라고 한다.

아이를 학원에 보내지 않고 집에서 엄마표 교육을 할 때 중요한 점은 아이보다 엄마가 먼저 지치면 안 된다는 것이다. 온택트 학습과 이 학습을 관리해주는 전문 튜터만 잘 활용하면 엄마는 지치지 않을 수 있다.

초등학교 고학년도
가능할까?

중학교까지 이어지는 공부법

　시골 유학으로 다진 공부법을 이야기하면 "저희 아이는 이미 초등학교 고학년인데 시작하기 늦지 않았을까요?"라는 질문을 받곤 한다. 릴리도 시골 학교를 1학년 때부터 다닌 것이 아니다. 그리고 시골 학교 공부법은 중학생이 된 릴리에게도 많은 영향을 주고 있다. 온택트 학습이 릴리에게 자기주도학습으로 자리 잡으면서 엄마가 신경 써야 할 부분이 하나둘씩 줄기 시작했다. 적어도 영어는 이제 완전히 내 손을 떠났다. 온택트 학습으로 릴리가 스스로 정한 하루 분량을 해낸다.

학년을 떠나서 이 공부법은 누구에게나 적용된다. 하지만 온택트 학습의 접근 방법은 초등학교 저학년과 고학년의 차이가 있다. 저학년 때 놀이로 접근하는 것이 효과적이었다고 고학년에게 이를 권유해서는 안 된다. 고학년부터는 놀이가 아닌 공부로 접근해야 한다. 학년이 올라갈수록 누구도 놀이라고 생각할 수 없는 학습 난이도를 보이기 때문이다. 예를 들면 1+1 같은 간단한 덧셈은 초콜릿이나 사탕을 사용해 놀이처럼 풀 수 있지만, 색칠한 부분의 넓이를 구하는 것처럼 공식이 필요한 문제는 놀이처럼 풀 수 없다는 뜻이다.

하루에 공부할 일정량을 정해놓고 완수하는 것은 고학년 때 반드시 지켜줘야 하는 부분이다. 이때 학습량은 아이가 풀기에 적당해야 하며 풀지 못한 부분을 내일로 미뤄서는 안 된다. 나는 여기에서 실수했었다. 처음엔 릴리가 하루치 학습량을 채우지 못하면 남은 건 다음 날로 미뤄줬었다. 그러자 릴리는 '오늘 못하면 내일로 미루면 되지'라고 생각했고, 그 결과 학습 시간과 미루는 양이 점점 늘어났다. 아이에게 맞는 학습량을 찾기까지 몇 번의 시행착오가 있겠지만 적절한 학습량을 찾은 후에는 학습을 끝내야 하루를 마무리할 수 있다고 정확히 인식을 심어줘야 한다. 현재 릴리가 학습을 끝내는 시간은 학습을 미뤄줬을 때보다 현저히 줄어들었다.

앞서 말했듯, 학습량에 엄마가 욕심을 내서는 안 된다. 그럼 당연하게 미뤄야 하는 일이 발생하고 만다. 만약 문제집 4장을 풀어야 하면 하루 2장씩 이틀에 걸쳐 끝내는 경우와 무리하게 하루에 4장을 다 줬다가 1장만 풀고 3장을 뒤로 미뤄서 끝내는 경우를 생각해보자. 이틀 동안 4장을 끝냈다는 결과는 같지만 과정에서 오는 스트레스 차이는 크다.

이런 과정을 통해 아이는 스스로 자신이 소화할 수 있는 학습량을 인지하게 된다. 이때부터는 온택트 학습 전문 튜터와 아이 둘이서 학습 일정을 짜게 하는 것이 더 효과적이다. 엄마의 일은 또 하나 덜게 되는 것이다.

초등학교 고학년부터 릴리가 시작한 공부법이 한 가지 더 있다. 틀린 문제를 다시 풀어 답만 찾는 것이 아니라 왜 틀렸는지 이유를 쓰기 시작했다. 서술형 문제는 답이 맞았다고 하더라도 10점 만점에 7점 정도 받을 답이면, 답안지에 있는 모범 답안을 옮겨 쓰게 했다. 옮겨 쓰면서 서술형을 쓰는 요령도 익힐 수 있기 때문이다. 효과는 아주 좋았다. 이때 연습해둔 덕분에 릴리는 중학생이 되어서도 서술형 문제를 두려워하지 않는다. 방법은 어렵지 않다. 엄마가 문제집을 채점하면서 필요한 부분에 '모범 답안 옮겨 쓰기' 또는 '모범 답안 읽고 밑줄 긋기'라고 써주면 된다.

수학은 조금 다른 방법을 쓰고 있다. 답을 맞힌 문제라도 식을 풀어내는 과정이 모범 답안과 다르면 모범 답안의 방식으로 풀어보라고 한다. 대부분 모범 답안이 가장 빠른 시간 내에 효과적으로 푸는 방식이고, 온택트 학습 프로그램의 강사들도 모범 답안의 풀이로 강의를 하기 때문이다.

다시 말해, 답안지에 적힌 문제 해설을 읽어보게 하고 그걸 참고해 모범 답안을 써보게 하라는 것이다. 답안지와 똑같이 적으면 창의력이나 문제해결능력을 기를 수 없다고 생각할 수 있다. 하지만 변형과 발전은 기본을 갖춘 다음에야 가능하다는 것을 알아주면 좋겠다.

그리고 온택트 학습 프로그램에서는 한 과목에 여러 강사의 강의를 볼 수 있다. 아이가 문제를 잘 이해하지 못할 때에는 다른 강사의 강의를 들어보는 것도 도움이 된다. 아이와 맞는 강의가 하나쯤은 분명 있기 때문이다. 고학년부터 차근차근 이러한 학습

법을 시작하면 학습량이 많아지는 중학교 때 오히려 엄마도 아이도 편한 학습을 할 수가 있다.

도시에서 시골 학교처럼 가르칠 수 있을까?

지역을 뛰어넘는 공부법의 근본

예전이나 지금이나 명문대를 가려면 우선 공부부터 잘해야 하는 것처럼 공부법도 근본은 변하지 않는다. 다만 이 공부법을 어떠한 방식으로 활용하느냐가 중요하다. 학부모의 중심만 잡히면 도시에서도 시골 학교의 교육법을 활용할 수 있다. 거리에 즐비한 학원을 볼 때마다 마음이 흔들리고 다른 학부모들의 말에 좌지우지된다면 절대 도시에서 시골처럼 가르칠 수 없다. '이렇게 하는 게 맞나?'라고 생각하지 말고 '아이가 즐겁게 공부하기를 바라니까 열심히 해봐야지'라고 생각해야 한다.

시골 학교는 직접 체험해보면서 이론을 이해한다. 샌드위치를 만들며 설명문을 이해한 것처럼 말이다. 도시 학교에서는 여건상 어려우므로 주말을 이용해 부모가 시골 학교의 교과서 접근 방식으로 알려주는 시골 학교 선생님이 되어보자. 어린 동생이 있어서 쉽지 않은 집도 있고, 부모가 모두 바빠서 시간을 내기 어려운 집도 있을 것이다. 하지만 내가 프롤로그에서 "아이의 시골 유학을 위해 기꺼이 시간을 낼 수 있는 부모라면 누구나 시작할 수 있다"고 말한 것처럼 가족 구성원이 기꺼이 시간을 내줄 마음으로 협의하여 계획을 세운다면 불가능한 일은 아니다. 그리고 같이 어울리는 엄마들과 품앗이로 시골 학교 선생님이 되어보는 것도 좋은 방법이다.

릴리가 다녔던 도시 학교와 시골 학교 모두 일기 검사를 했는데 한 가지 다른 점이 있었다. 도시 학교에서는 일기 끝에 확인용 도장만 찍어준 반면, 시골 학교에서는 일기 내용에 따라 선생님이 코멘트를 달아주었다. 3학년 때 '내 상상 솜씨가 어때요?'라는 제목의 일기에는 "릴리의 상상이 이루어지면 좋겠어. 그러려면 스스로 많은 노력이 필요하겠지요"라는 응원의 코멘트가, 6학년 때 잘난 체하는 친구의 이야기를 쓴 '짜증 나는 때'라는 제목의 일기에는 "잘했어! 잘난 체는 창피한 거야"라는 공감의 코멘트가 달려 있었다. 선생님의 짧은 한마디는 엄마인 내가 보아도 참 좋았다. 선생님 대신 엄마가 아이와 일주일에 두세 번이라도 이렇게 일기를 쓰고 코멘트를 달아줘보자. 아이의 현재 마음 상태도 알 수 있고 아이는 자신을 향한 부모의 관심을 느낄 수 있다.

시골 학교의 아이들은 잘 어울려 다닌다. 도시 엄마인 나도 처음 아이들의 토요 모임을 불안해했지만 아이들끼리 어울리며 많은 것을 배운다는 것을 느꼈다. 지인과 대화 중에 "아이에게 친구가 꼭 필요할까? 오히려 친한 친구와 멀어지면 상처만 받지 않을까?"라는 질문을 받은 적이 있다. 구더기가 무서워도 장은 담가야 한다. 아이들이 또래와 같이 노는 것도 학습이다. 친구와의 관계를 통해 아이는 사회성을 익혀간다. 친구와 잘 어울리게 하고 싶어도 도시의 아이들은 대부분 학원을 많이 다녀서 놀이터를 가도 놀 친구가 없는 것이 현실임을 나도 안다. 나도 릴리가 도시 학교를 다녔던 경험이 있으니까. 하지만 마음먹고 찾으면 나 같은 교육관으로 아이를 키우는 집도 찾을 수 있다. 그리고 아이들끼리 놀이를 할 때는 한 걸음 뒤에서 믿고 지켜봐주는 부모가 되어보자. 한 걸음 물러섰을 때 비로소 매일 스스로 성장하고 있는 내 아이의 모습을 볼 수 있다.

도시에서 시골처럼
여유로울 수 있을까?

아침형 가족 습관 만들기

　　"벌써 마트를 닫아요?" 저녁 8시도 되지 않은 시간
이었다. 문 닫을 때까지 시간이 충분하다고 생각했는데 마트는
이미 영업 마감 중이었다. 시골의 마트는 대부분 아침 8시에 문
을 열고 저녁 7시 반이면 닫는다. 시골은 도시와 비교해 사람들
이 하루를 일찍 시작하고 일찍 끝낸다. 유흥 시설도 거의 없어서
밤에도 참 조용하다. 식당도 일찍 문을 닫아 야식 먹으러 갈 만한
곳도 없다. 우리는 자연스레 일찍 잠드는 날이 늘어났다.

　　이런 분위기 때문일까? 시골의 해는 도시보다 빨리 지고, 빨리 뜨는 것만 같다. 이른 아침에 나가도 논밭의 어딘가에는 사람들이 보인다. 더운 낮을 피해 일찍 일어나고 낮이 되면 일이 끝난다. 우리 가족은 농사를 짓지 않지만 어느 순간 이런 환경에 적응되어 아침 일찍 일어나게 되면서 늘 시간에 쫓기며 분주했던 우리 집 아침에 변화가 찾아왔다.

등교 10분 전에 일어나서 헐레벌떡 정신도 차리지 못하고 등교하는 아이와 느긋하게 등굣길의 풍경을 누리는 아이의 하루는 시작부터 다르다. 모두에게 주어진 하루는 똑같이 24시간이지만, 아침형 인간은 더 많은 시간을 누릴 수 있다.

8시 30분까지 등교해야 하는 릴리는 6시 30분에 일어났다. 아침 식사, 등교 준비, 등교 시각 등을 고려해도 한 시간 이상의 여유가 있다. 그 시간에 릴리는 아침 공부를 했다. 온택트 학습 과제 중에 영어책을 읽거나 리스닝 같은 비교적 편하게 할 수 있는 학습을 했다. 등교 전에 공부를 하니 하교 후는 더 여유롭다. 오후에 마저 해야 할 것들을 하고 나면 자유 시간이 생기니 엄마는 잔소리하지 않아서 좋고, 아이는 보람과 자유를 동시에 만끽할 수 있어 좋다. 그렇게 해도 다른 아이들에 비해 학습량이 적지 않다. 또 한 번에 몰아서 공부나 숙제를 하는 게 아니라 오전, 오후

나눠서 하니까 아이의 집중력도 좋고, 아이 스스로 공부를 적게 한다고 느낀다.

릴리의 이러한 루틴은 사립중학교에 다니고 있는 지금도 이어지고 있다. 등교 시각이 8시 20분인 릴리는 6시에 일어난다. 조금 달라진 것은 7시 30분에 집에서 나간다는 것이다. 학교가 멀어서? 아니다. 집에서 학교는 2km이다. 릴리는 6시부터 7시까지 아침 공부를 하고 30분간 등교 준비와 식사를 한다. 그리고 학교에 일찍 가서 자유 시간을 갖는다. 등교 후 수업까지는 30분 정도 여유가 있다. 이 시간에 릴리는 스마트폰을 마음껏 할 수 있다. 그리고 집에 오면 스마트폰을 나에게 준다. 학교 연락용 이외에는 스마트폰을 사용하지 않는다. 스마트폰을 전혀 못하게 할 수 없는 현실에서 대안으로 택한 방법이다. 그래서 릴리의 등교 준비가 빠른 게 아닐까 라는 생각도 든다.

또한 중학생이 되면서 초등학생 때보다 물리적인 학습량이 증가해 하고 후에 공부를 몰아서 했다가는 늦은 밤에 잠들기 십상인데, 릴리는 아침 시간을 활용하기 때문에 지금도 충분한 수면을 취할 수 있다. 무엇보다 아침마다 벌어지는 등굣길 교통체증을 피할 수 있어 엄마에게 아침의 여유를 선사한다.

"아이를 일찍 재우려고 노력하지만 아이가 자지 않는다"고 말하는 부모들이 많다. 한번 자신의 행동을 돌이켜보자. 아이에게 "얼른 자"라고 말해놓고 옆에서 부모는 TV를 보거나 핸드폰을 만지지 않았는가? 아이가 책을 많이 읽길 바라면 부모가 먼저 책 읽는 모습을 보여주면 되듯, 뭐든지 부모가 솔선수범해야 한다.

또한 하루 활동량을 채우지 못해 에너지가 남아 있으면 쉽게 잠이 오지 않는다. 이때 공부량과 활동량은 다르다는 것을 명심해야 한다. 오래 앉아 공부했다고 해서 에너지를 많이 소모했다는 뜻이 아니다. 릴리는 시골 뒷동산과 학교 운동장이 주 활동 무대였지만, 모든 아이들이 그럴 수 없다는 것을 잘 안다. 대신 저녁에 10분이라도 집 앞에서 줄넘기를 하든, 배드민턴을 치든, 함께 산책을 나가든 야외 활동을 통해 아이의 에너지를 발산시켜주자. 도시로 돌아온 지금, 릴리는 아파트 앞에서 배드민턴을 친다. 같이 해주는 나도 덩달아 살이 빠지는 효과를 누리고 있다.

성적이 최우선인 부모에게는 아이가 책상 앞에 앉아 있지 않는 시간이 아깝게 느껴질 수 있다. 하지만 오늘 하고 끝나는 공부가 아니다. 길게 봐야 한다. 결론은 체력 싸움이라는 것이다. 특히 중·고등학생이 되어 오래 앉아 있을 수 있는 정신력은 체력에서 나온다. 아이들이 아직 어리니 그 기초를 쌓는 시간이라 생각하자. 성장기에 마음껏 뛰어노는 아이들은 건강한 신체 발달은 물론, 부모와 살을 맞대고 놀면서 건강한 정서 발달까지 이룰 수 있다. 무엇보다 몸이 피곤해져서 일찍 자는 데에도 도움 된다.

자연에 살면
정말 창의력이 생길까?

도시형 아이의 자연 활용법

시골 유학을 하며 릴리는 각종 대회에서 두각을 드러냈다. 아이가 뭔가를 잘하는데 싫어할 부모는 없을 것이다. 대회에서 수상하는 것도, 영재원에 합격한 것도 좋았지만 모두 오롯이 즐기면서 이뤄낸 결과라서 더 좋았다.

강원도 고성으로 이사를 오면서 릴리의 질문이 많아졌다. 도시에서는 보지 못했던 쏟아질 듯 무수한 밤하늘의 별, 마당에서 만나는 곤충과 벌레, 그리고 바다에서 놀며 잡는 성게와 군소, 조개 등이 신기했을 테니 질문이 많아지는 것은 당연하다. 가끔은 계속되는 질문에 귀찮기도 했지만 질문을 하는 릴리의 호기심 가 득한 표정을 보면 나도 덩달아 행복해졌다. 나도 시골은 처음이 기에 인터넷을 찾아 답해주느라 애쓴 적도 있다. 시간이 지나 터 득한 해결 방법은 간단했다. 도감을 사주면 된다. 곤충 도감, 식물 도감, 별자리 도감 등등. 그럼 질문은 반 이상 줄어든다. 시골 유 학을 와 아이의 질문이 많아지기 시작할 때 이 방법을 추천한다.

"언덕 너머 펼쳐진 넓은 들판에 커다랗고 푸르른 느티나무 한 그루~ 봄이면 초록 잎이 휘날린다. 마을과 마음이 초록색으로 물든다. 세상 이 푸르러진다."

릴리가 직접 지은 〈느티나무 아래서〉라는 곡의 가사다. 시골이 아니었다면 이런 가사가 나올 수 있었을까? 릴리가 작사하고, 반 친구들이 함께 노래한 녹음 파일을 담임선생님께 받았을 때 울컥 했다. 〈느티나무 아래서〉는 '설악 어린이 노래잔치'에서 강원도 내 어린이들에게 작사 공모를 받아 멜로디를 입혀서 탄생시킨 곡 이다. 릴리가 당선됐다는 것도 기뻤지만 "릴리가 쓴 가사가 너무 좋아서 한 글자도 고치지 않고 그대로 곡으로 만들었다"는 작곡 가의 후기가 더 감동적이었다.

가사에는 릴리의 시골 생활이 고스란히 묻어 있다. 처음 시골로 내려왔을 때 릴리는 무척 활동적인 아이였다. 자연친화적인 전원주택에 살며 릴리는 봄, 여름, 가을, 겨울의 변화를 몸으로 느끼며 자랐다. 봄에는 뒷동산의 앙상했던 나무에 어린잎이 돋아나고, 전원주택 마당에 초록색 잔디가 올라오는 것을 보며 봄이 왔다고 즐거워했다. 여름이면 강아지와 함께 나무 그늘을 찾아서 쉬었다. 가을에는 단풍잎을 주워 와 모자에 꽂거나 책 사이에 끼워 말리기도 했다. 시골 유학을 하며 보냈던 겨울 중 한 해는 폭설이 와서 이동조차 힘들었는데, 릴리는 더 신이 났었다. 이글루를 만든다며 눈 속을 뛰어다녔고, 고드름을 먹어도 되냐며 물어보기도 했다. 이런 경험이 없었다면 이런 작사가 나오지 못했을 것 같다.

도시에서는 하기 쉽지 않은 경험들이기에, 주말이나 방학을 이용해 아이들이 자연과 함께하는 방법을 생각해야 한다. 도심 외곽으로만 나가도 생태공원이나 휴양림이 있고, 자연 속 캠핑 문화도 많이 발달되어 있어서 예전에 비해 다양한 방법으로 자연과 함께할 수 있다.

"엄마, 이거 사람 같지?" 뒷동산에서 나뭇가지를 주워 와서는 묻는다. 사람이라고 생각하고 보니 사람 같았다. "그런데 신기하다? 이렇게 거꾸로 보면 토끼야." 릴리의 말을 들으니 또 그런 것 같다. 아이가 토끼 인형을 가지고 놀면, 그건 토끼 인형밖에 되지 않는다. 하지만 자연의 놀잇감인 나뭇가지나 나뭇잎, 열매는 아이의 상상에 따라 토끼도 강아지도 사람도 될 수 있다. 자연과 함께하는 놀이 속에서 아이의 창의력은 커질 수밖에 없다.

그리고 살아 있는 곤충과 나무, 새 들을 보면서 생명의 소중함도 알아간다. "어머 릴리 어머니시군요!" 어느 날, 학교 옆 편의점에서 내가 릴리와 함께 들어가자 주인분이 웃으며 반겼다. "릴리가 며칠 전 여기에 와서는 편의점 입구에 지어진 새집을 아기 새가 날아갈 때까지 치우지 말라고 하더라고요. 밖에서 보이지 않아도 새의 알이 있어서 부화되면 아기 새 소리가 들릴 거고, 다 날아가면 조용해진다고." 릴리의 이야기가 인상 깊었다며 이야기하셔서 그분과 한참을 시골 유학에 대해 이야기 나눈 적이 있다. 전원주택에 살 때 릴리가 정원에 만들어놓은 새집에 진짜 새가 날아와 알을 낳고 부화한 적이 있다. 부화한 아기 새를 직접 본 것은 나도 처음이었다. 릴리는 아기 새가 잘 있는지 매일 조심스럽게 들여다봤다. 도감을 찾아보고는 딱새라고 나에게 알려주기도 했다. 이렇게 릴리는 생명의 소중함을 자연에서 몸소 배웠다.

자연이 성장하는 아이에게 주는 선물은 내 생각보다 컸다. 크게는 시골 유학을 통해서, 작게는 주말과 방학을 통해서 아이를 위해 자연과 함께하는 시간을 낼 충분한 가치와 이유가 있다. 릴리가 생명의 소중함을 아는 아이로 자라줘서 너무 고맙다. 그리고 우리의 아이들도 자연과 함께한다면 분명 창의적이고 생명의 소중함을 아는 아이로 자라날 것이다.

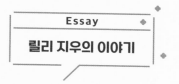
온택트 학습을 하면 좋은 점? 많다. 주어진 과제가 끝나면 보상으로 받는 코인이나 보석들을 모으면 진짜 과자나 원하는 것으로 바꿀 수 있다. 솔직히 이게 제일 좋은 점이다.

나는 시골 유학을 시작하며 학원에 다니지 않았다. 시골이었지만 학원에 다니는 친구들도 있었다. "릴리야, 엄마들은 학원을 처음 보낼 때 딱 한 번만 다녀보라고 해. 그런데 진짜 한 번만 가고 안 간다고 하면 혼나. 그리고 한 번 시작된 학원은 절대 끊지 않아. 그러니까 너는 절대 속지 말고 시작을 하지 마." 학원에 다니는 친구들이 말해줬다. "그래?" 나는 열심히 생각했다. 엄마의 입에서 학원 다니라는 말이 나오지 않는 방법에 대해서.

우선, 하고 있는 온택트 학습이 재미있다고 말하고 열심히 하는 모습을 보여주면 될 것 같았다. 강의하시는 선생님들이 공주 머리띠도 하고, 요

술봉도 사용하고 또 재미있게 설명해주어서 재미있기도 하니까 거짓말은 아니었다. 다행히 엄마도 온택트 학습 프로그램에 만족하고 있었고, 선생님과도 친해져서 학원에 가라는 말은 하지 않았다.

그런데 코로나가 터졌다! 친구들은 학원을 가지 않는다. 하지만 나의 온택트 학습은 코로나와 상관없다. 학원에 다니던 친구들이 예전에는 나를 부러워했었는데 이젠 학원에 안 가도 되니까 엄청나게 늦게까지 학교에서 논다. 나는 온택트 선생님과 영상이나 전화로 만나야 하기에 엄청나게 늦게까지 놀 수가 없었다. 온택트 대신 학원을 간다고 해볼까? 딱 한 번 생각만 했다. 왜냐면 내가 엄마라도 안 속을 것 같았다.

코로나 시대에 내가 다니는 시골 학교는 거의 정상적으로 등교를 했다. 코로나가 극심할 때 잠깐 온라인으로 한 적이 있는데, 나는 이런 학습에 적응되어 있어서 어렵지 않았다. 가끔 구동 방식을 내가 설명해주기도 했다.

엄마는 온택트 학습을 했기에 코로나 속에서도 학습에 구멍이 없었고, 그래서 내가 사립중학교에 합격할 수 있었다고 했다. 생각해보면 좀 그런 것 같다. 입학 시험이 어려웠다고 하는데 나는 검토 시간까지 충분했었다. 입학을 해보니 이 학교를 오기 위한 입시반 수업을 거의 다 들었다. 나는

참 대단하다.^^

중학교 친구들은 학원을 엄청 많이 다니는 것 같다. 하지만 나처럼 온택트 학습을 하는 친구들도 많다. 나도 학원보다는 온택트 학습이 편하다. 근데 친한 친구가 수학 학원에 다닌다. 다녀보고 싶었다. 엄마한테 말하니 당연 오케이다. 이럴 줄 알았다. 몇 개월 다녀보니 준비하고 학원 차를 타고 가는 시간, 오는 시간이 좀 오래 걸렸다. 그리고 집에서 온택트 학습을 하면 엄마랑 하니까 나의 인정사정을 봐준다. 학원은 짤 없다.

학원에 다녀보며 알게 된 사실이 있다. 엄마들은 모르겠지만 애들은 모두 다니기 싫어한다는 것이다. 공부를 안 할 수 없다는 것은 나도 안다. 학원 대신 온택트 학습을 하면 차량 타고 오가는 시간도 없고, 엄마들이 좋아하는 감시도 직접 하니 더 좋을 텐데, 학원에서 친구들을 구제해주고 싶다.

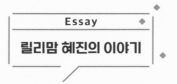

2021년 10월, 릴리의 사립중학교 입학시험이 있었다. 사립중학교 입학을 위해 몇 년을 준비하는 아이들이 많기에, 엄마와 둘이 달랑한 달 정도 준비한 릴리는 합격을 기대하기 어렵다고 생각했다. 시험장인 학교의 교문을 들어서며 눈물이 울컥했다. 입시반을 운영하는학원에서 응원을 나온 모양이다. 학원 이름이 적힌 현수막에 응원메시지를 써서 여기저기 들고 있었다. '이렇게 사립중학교를 보낼 줄 알았다면 릴리도 입시반을 보낼 걸 그랬나? 떨어지면 내가 다른 엄마들처럼 준비를 하지 않아서일 거야'라며 자책하기도 했다.

어떤 정보도, 예상 문제도 접하지 못했기에 릴리의 가방에는 수험표와 필통이 전부였다. 다행히 릴리는 자신감이 넘쳤다. "엄마, 나 영재원도 두 번 합격했잖아. 시험 잘 볼 자신 있어! 아빠, 시험 끝나고 백화점 가기로 한 거 잊지 마!" 이렇게 말하고 시험장으로 걸어갔다. 뒷모습이 얼마나 당당해 보이던지. 다행이었다. 그리고 아빠한테는 시험이 끝나면 선물을 받기로 딜을 한 모양이다. 릴리에게는 오늘 시험보다 백화점이 더 중요할 수도 있다.

릴리가 시험을 보는 동안 우리는 커피숍에서 기다렸다. 우리 둘 다 아이보다 더 긴장한 것 같다. 커피와 스콘을 시켰는데, 릴리 아빠는 스콘이 넘어가지 않는다며 먹지 못했다. 이런 모습 처음이다. 나한테는 시험 보는 데 의의를 두자고 하더니 본인은 내심 기대를 하는 건가 커피를 마시며 계속 주절거렸다. "기대하지 마. 오늘 시험장 보니까 장난 아니더라. 학원 보낸다고 다 붙는 거 아니야. 릴리 같은 애들이 붙어. 지금은 무슨 과목 시험 보고 있을까?" 릴리 아빠도 불안했나 보다.

시험이 끝나갈 무렵, 학교 주차장에서 기다렸다. 하나 둘 시험을 마치고 나오는 아이들이 보인다. 기다리던 학부모들이 시험장 입구로 모여들기 시작했다. 우리도 불안한 마음에 시험장 입구에 서서 기다렸다. 멀리서 릴리의 모습이 보인다. 엄청 밝다. 엄마, 아빠를 보더니 부르며 뛰어온다. 달려오는 아이를 안아주고는 고생했다고 말해주고 싶었는데 나의 입에서 나온 말은 "시험 잘 봤어?"였다. "나 시험 엄청 잘 봤어." 릴리는 그동안 시험을 못 봤다고 한 적이 한 번도 없었다. 무조건 잘 봤다고 한다. 그래서 믿을 수가 없었다. 나의 질문은 이어졌다. "문제는 잘 읽었어? 틀린 것을 고르라 했는데 맞는 걸 고르진 않았지? 수학은 시간 모자라지 않았어?" "엄마, 나 문제 다 잘 읽었고, 수학은 시간이 남아서 검토도 다 했어. 그런데 국어가 자신 있었는데 몇 문제 헷갈렸어. 합격은 할 것 같아." 그래, 너는 자신감이 장점이다.

합격자 발표가 나는 날, 나는 아무것도 넘어가지 않아 밥을 먹지 못했다. 릴리 아빠는 아침부터 일이 손에 잡히지 않는다며 몇 십 분마다 전화를 했다. 발표 시각은 오후 2시. 나는 미리 합격자 발표가 있을 학교 홈페이지에 접속해서 새로 고침만 반복해서 누르고 있었다. 드디어 2시! 학교 정경 사진이 있던 PC 화면에 합격자 조회 창이 뜬다. 수험 번호를 입력하면 이젠 합격 여부를 알 수 있다. 떨리는 손으로 입력을 하고 합격이라는 단어를 본 순간, 나는 진짜 엉엉 울었다. 릴리가 영재원을 합격했을 때도 울지 않았었는데, 이날은 시험을 준비하고 시험장 모습들이 생각나며 눈물이 났다. 릴리 아빠에게 전화를 했다. "릴리 합격이야!" 릴리 아빠는 내가 울면서 전화해 합격을 말하기 전에는 떨어졌구나 했단다.

릴리의 시골 학교 담임선생님께도 합격 메시지를 남기자 너무 기뻐하며 전화를 주셨다. "릴리가 찐이에요. 학원에서 준비한 것도 아니고 스스로 준비해서 갔으니까요. 릴리 어머님도 고생 많으셨어요." 이어서 릴리에게 전화가 왔다. 합격 소식을 알려줬더니 "정말?"이라며 기뻐한다. 합격에 자신 있다더니 내심 걱정은 한 모양이다. 잠시 후 선생님께 메시지가 왔다. '어머님, 릴리가 선생님이 합격할 거라고 믿어줘서 합격한 거라고, 선생님 고맙고 사랑한다고 하면서 울면서 저를 안아줘서 저도 같이 울었어요.' 메시지를 보며 나도 울컥했다. 합격도 좋았지만 선생님의 고마움을 아는 아이로 자라줘서 고마웠다.

4학년 담임선생님의 권유로 영재원의 문을 두드릴 생각을 했고, 6학년 담임선생님의 권유로 사립중학교 시험도 준비하기 시작했다. 아이에게 가닿는 손길이 한 명이라도 더 진심인 시골 학교였기에 릴리의 가능성을 알아볼 수 있었던 것 같다. 덕분에 지금 릴리가 즐겁게 중학교 생활을 하고 있다고, 감사하다고 전하고 싶다.

시골 유학을
시작하는 친구들아

친구들아 지금까지 내 얘기 잘 들었지? 이제는 고성에 살지 않지만, 가끔 고성에 놀러갈 때면 가슴이 막 간질거려서 꼭 놀이동산 갈 때와 비슷한 기분이야. 내가 하나 빼먹은 게 있는데, 시골 유학을 가면 엄마가 소리를 덜 지른다. 대박이지! (아주 안 지르는 것은 아님.) 나는 시골 유학을 하게 해준 우리 엄마에게 고마워. 그리고 한 장의 글쓰기도 힘든데 책 한 권을 쓴 우리 엄마가 대단하다고 느껴졌어. 물론 내가 영재원을 가고 사립중을 간 이야기도 책에 있으니, 엄마도 시골 유학 잘한 나한테 고맙겠지?ㅋㅋ

우리 엄마가 이 책에서 열심히 시골 유학과 온택트 학습으로 나를 교육시킨 것을 알려줬는데, 이건 너희에게도 도움이 될 것 같아. 우리 반에 공부를 좀 못하는 친구가 있는데 내가 엄마한테 "엄마가 가르치면 성적이 분명 오르니까 좀 가르쳐줄래?"라고 했었거든. 그랬더니 엄마는 자기가 잘 가르치느냐고 묻더라고. 별로 엄마의 장점을 인정하고 싶지 않은 10대이지만 인정할 수밖에 없었어.

그리고 시골 학교에서는 조금만 노력하면 여러 대회에서 상도 받을 수 있다. 도시보다 훨씬 경쟁률이 낮으니까. 아마 조개로 집을 만들거나, 밤하늘에 놀랄 정도로 많은 별을 볼 수 있으니까 아무도 발견하지 못했던 별을 찾는다면 엄청 유명한 사람이 될 수도 있을 거야. 아무튼 엄마들은 상 받으면 무조건 좋아하잖아. 그리고 상을 받을 것 같은 기분이 들면 발표가 나기 전에 엄마와 상받으면 뭘 해줄 것인지 협상하는 거 잊지 말고. 꼭 엄마와 해야 함. 아빠랑 협상해봤자 엄마가 안 해주면 그만이라는 거 알지?

그리고 나중에 커서 놀러왔을 때 시골 친구 집에서 자면 회도 사주고 밥도 사주고 할 테니까 시골 학교를 다니면 커서까지 행복하다! 도시의 학교보다 즐겁다는 것은 내가 장담할 수 있어. 체험학습이 많으니까 안 즐거울 수가 없지. 시골 유학을 하면서 동물도 식물도 더 가까이 보고 느낄 수가 있었는데, 그러면서 생명에 대해 생각하게 됐어. 그래서 나는 의사가 되고 싶어. 이왕이면 BTS의 주치의가 되어서 오빠들 감기에도 안 걸리게 하고 오래오래 살게 하고 싶어.ㅋㅋ

시골 유학을 시작하는 친구들아. 내가 행복했던 것만큼 친구들도 행복한 시간이 되었으면 좋겠어. 그리고 우리 나중에 커서 '시골 유학 아이들, 어른이 된 그 후'라는 제목으로 같이 책을 만들어보는 것은 어떨까?ㅋㅋ 그때는 다양한 직업을 가진 우리들일 텐데 너무 재미있을 것 같아. 같이 만들 사람들은 울 엄마 블로그로 연락해!

릴리 지우 씀

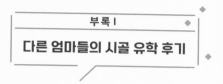

시골 유학 5개월 차, 엄마 박월배 이야기

"준비를 잘해서
차근차근 행복을 만들어갈 거예요"

안녕하세요. 저는 6살, 3살 남매를 키우고 있는 평범한 엄마입니다. 현재 아이들의 시골 교육을 위해 강원도 고성으로 이주, 귀촌 후 조금씩 적응하고 있어요. 지금도 강원도 고성에서의 삶이 꿈만 같아요. 생각해보면 릴리맘을 통해 시골 교육, 시골 유학을 알게 되고, 이곳까지 흘러온 것이 저에겐 자연스러운 일일지도 모른다는 생각을 해봐요.

저의 이야기를 잠깐 해보자면, 저는 두 아이를 자연주의 출산(의료 개입을 최소화하고, 산모와 아이가 주체가 되어 출산하는 것)하였고, 그 이후에도 자연주의 육아(미디어 매체 대신 독서와 바깥 놀이, 엄마표 놀이, 인스턴트 식품 대신 엄마가 만든 간식, 자연에서 난 재료로 집밥 해 먹이기 등)를 고수했으나 지속하기가 쉽지 않았어요.

첫째 아이가 여러 친구와 어울려 놀기 시작하면서 친구들은 TV를 보는데 저희 아이만 TV 안 보여주고, 과자를 안 먹일 수 있는 상황이 아니었죠. 또한 둘째 임신과 출산으로 체력적으로 힘들어지면서 자연주의 육아를 이어나가기가 어려웠어요. 그렇게 저는 상황에 따라 점차 자연주의 육아에서 멀어져갔답니다.

하지만 제 마음속 깊은 곳에 남아 있던 자연주의 육아에 대한 갈증이 코로나를 겪으면서 '아이들을 자연에서 키우고 싶다'라는 마음으로 커졌어요. 놀이에 진심인 첫째 아이가 유년기 시절을 자연과 함께 즐겁게 지내면 어떨까, 회사 생활로 지쳐 있는 남편도 같은 일을 하더라도 자연 속에서 위로받으며 느긋하게, 즐겁게 직장 생활을 할 수 있지 않을까 하는 작은 기대가 생겨났어요.

그러던 중 어느 카페에서 '릴리맘의 시골 교육, 시골 학교'라는 제목의 글을 우연히 보게 되었고, 블로그도 들어가보았어요. 며칠 동안 릴리맘의 글을 모두 정독하였고, 시골 생활과 시골 학교의 매력에 빠지게 되었지요. 자연을 놀이터 삼아 뛰어노는 아이들,

다양한 경험을 할 수 있는 시골 학교의 커리큘럼, 자연 속에서 쉼을 누리는 엄마. 코로나로 집 밖에 잘 나가지 못하는 현실 속에서 릴리맘의 이야기는 상상하는 것만으로도 힐링이 되었어요.

그 후 릴리네가 시골 유학을 했던 강원도 고성이 어떤 곳인지 궁금하여 가족끼리 두 번 여행을 다녀왔어요(그 전에는 강원도 고성에 대해 전혀 몰랐어요). 코로나로 자유롭게 집 밖으로 다니지 못했던 저희 아이들은 가는 곳곳마다 호기심 가득한 얼굴로 신났었고, 도시에서 지쳐 있던 저희 부부에게도 위로가 되었던 여행이었어요. 그렇게 강원도 고성앓이가 시작되었고, 가족 모두 이주에 대한 꿈을 꾸게 되었답니다.

하지만 그것을 현실로 옮기는 것은 참 어려운 일이었어요. 남편의 직장, 경제적인 부분 등 현실적인 어려움도 있고, 아무런 연고 없이 어린아이들을 데리고 가족 모두가 이주하기란 저희 가족에겐 큰 모험이고 도전이었지요. 그래서 시골 유학에 대한 구체적인 정보를 얻고자 릴리맘의 줌 강의를 듣게 되었어요. 이 강의가 정말 많은 도움이 되었어요. 많고 많은 시골 중에서 내가 왜 강원도 고성으로 가고자 하는지를 다시 한번 더 생각하게 되었고, 학교 선택 시 중요한 부분, 거주할 지역 선정 등 이주에 대한 뚜렷한 계획을 세우는 데 많은 도움이 되었어요.

　릴리맘이 앞서 한 경험을 통해 저희 가족들이 강원도 고성에서 해나갈 생활을 미리 그려볼 수 있었고, 그곳에서의 생활이 잘 맞을지 예측해볼 수 있었어요. 앞서 언급했다시피, 강원도 고성에 아무런 연고 없는 저희 가족에겐 그곳에서의 생활을 예측해보는 일은 정말 중요했어요. 무엇보다 이젠 교육의 장소가 중요한 시대는 지났구나 생각했어요. 온택트 학습을 왜 생각하지 못했을까요? 시골에서 아이를 키워도 학습에 대한 부분은 걱정하지 않아도 되겠구나 싶어 안심이 되었어요.

　그렇게 릴리맘을 통해 알게 된 귀한 정보들을 바탕으로 저희 가족은 강원도 고성으로 이주하는 것에 확신을 얻고, 차근차근 준비해나갔어요. 우선 운전면허가 없는 저는 이주할 지역 선정 시 근처 편의시설이 중요했어요. 그다음에는 남편이 직장을 구해 먼저 고성에 내려가 직장 생활을 시작한 후 집을 구하였죠. 릴리맘의 줌 강의 때, 강원도 고성에서 집 구하기가 참 어렵다고 하셨는데, 미리 알고 있었던 부분이었지만 마음고생 정말 많이 했었네요. 만약 몰랐다면 이보다 더 힘들지 않았을까 짐작해보아요. 이주하기로 결정하고 이사하기까지 4~5개월이라는 짧은 시간이 걸렸지만, 저희 가족에겐 1년처럼 느껴진 긴 시간이었어요.

앞으로의 삶은 행복할 수도 있고, 그렇지 않을 수도 있겠지만 이것 또한 저희 가족이 만들어가야 할 일이라고 생각해요. 어느 곳에 있느냐가 중요한 것이 아니라 누구와 함께 있느냐가 더 중요하다고 하지만, 저는 이왕이면 좋은 곳에 사랑하는 사람들과 함께하는 것이 가장 큰 행복이라고 생각해요. 경험해보지 못한 일들이 가득하여 걱정도 되지만, 공기 좋고 자연이 아름다운 강원도 고성에 사랑하는 가족들과 함께하고 있으니 더욱 행복한 삶을 누려보려 합니다.

"아토피만 나아도
시골 유학은 성공이라 생각했다"

이런 곳에서 사는 건 어떤 기분일까? 2019년 어느 날, 한 달 살기를 예약한 릴리네 집으로 들어가는 입구에서 문득 든 생각입니다. 릴리와 릴리맘과의 만남 이후 우리 가족의 삶도 완전히 달라졌습니다.

어렸을 때부터 체력은 좋은데 아토피로 고생하는 두 아이를 보면서 잠시 시골 유학을 생각하게 되었고 릴리와 릴리맘을 보면서 한번 도전해보기로 마음먹었습니다. 하지만 집이 문제였습니다. 지금 살고 있는 집을 처분하는 것도, 고성에 새로 살 집을 구하는 것도 어느 하나 쉽게 해결되지 않았습니다. 그렇게 초조한 마음이 두 달 넘도록 이어지자 포기해야 하나 고민되었지만, 대신 1년에 한 번씩은 강원도 살기를 해보기로 계획을 바꾸었습니다.

아이들과의 약속을 지키기 위해 2019년, 2020년 각각 열흘 살기를 하면서 우리 가족은 시골의 매력에 더 푹 빠졌습니다. 그렇게 3년의 시간이 흐르고 2021년 2학기 무렵, 코로나 시국의 학교

생활에 저도 아이들도 조금씩 지쳐가고 있었습니다. 당시 도시 학교에서는 한 반에 한 명이라도 코로나 확진자가 나오면 반 전체가 10일씩 격리를 해야 하는 상황이었는데, 이미 두 번이나 자가격리를 한 큰아이가 점점 예민해지는 게 느껴졌습니다. 그리고 큰아이가 3학년이 되자 주위 친구들은 영어, 수학 학원을 다니며 벌써부터 선행 학습에 들어갔습니다. '학원을 보내는 게 전부는 아니다'라는 굳은 다짐은 아이의 학년이 올라갈수록 흔들렸습니다.

더 이상은 안 되겠다는 생각에 2021년 10월에 다시 시골 유학을 결심했습니다. 이번에는 좀 더 범위를 넓혀서 고성부터 양양까지 10여 곳의 전화 상담과 7곳의 방문 상담을 통해 양양으로 최종 결정하게 되었습니다.

그러던 어느 주말, 가족과 함께 떠난 여행지에서 바다를 보며 "엄마, 나는 바다를 보면 마음이 차분해져"라고 말하는 아이를 보며 시골 유학이 옳은 선택임을 다시 한번 확신했습니다. 코로나 시기에도 아이들이 모두 학교에 나와서 생활했다는 시골 학교 선생님의 이야기를 들으며 '내가 좀 더 빠르게 움직였어야 하는데' 하는 아쉬움도 있었지만 지나간 후회보다 앞으로 준비가 더 중요했습니다. 다른 건 몰라도, 우리 아이들의 아토피만 나아진다면 시골 유학은 성공이라는 생각으로 시작했습니다.

3년 전에도 집 문제 때문에 난항을 겪었는데, 이번에도 집이 문제였습니다. 2022년 1월이 넘어가도록 지금 사는 집도, 양양에서 살 집도 어느 하나 제대로 해결되지 않았습니다. 그래서 무작정 떠났습니다. 3년 전처럼 망설이다가 포기하는 것보다 우선 가고 난 후 집을 구하자 라는 생각으로요. 이 과정에서 릴리맘의 조언과 경험담을 들으며 힘을 냈습니다.

그렇게 우리 가족은 양양에서 세 번째 계절을 보내고 있습니다. 나름 성공적인 시골 유학 생활을 하고 있고 아직 경험하지 못한 부분에 대해 기대도 됩니다. 처음에는 자연에 대한 로망이나 동경 같은 것들이 있었는데, 지금은 그것보다 삶을 바라보는 눈이 커지는 느낌입니다. 아토피만 나아도 성공이라고 생각했는데, 아토피 치료는 그냥 자연이 준 선물 같습니다. 시골 학교의 생활이 즐겁다는 아이의 이야기를 들으면 '내가 잘하고 있다'라는 생각이 들어 뿌듯해지기도 합니다.

학년이 올라갈 때마다 겪어야 했던 학원을 보내지 않는다는 것에 대한 불안감도 사라졌습니다. 아이들도 비슷한 경험을 하고 있을 거라고 생각합니다. 쉽지 않은 선택과 어려운 과정이었지만 이곳에서의 생활이 아이들의 긴 인생에서 가장 값진 선물이 되었으면 하는 바람입니다. 또한 삶을 살면서 어려운 일이 있을 때 스스로 일어설 수 있는 힘을 이곳에서 배워가면 좋겠습니다. 시골 유학을 하고 계시는 분들, 그리고 준비 중이신 모든 부모님들의 마음이 다 비슷하지 않을까 생각합니다. 그리고 우리 아이들을 포함한 모든 시골 유학생들을 응원합니다.

"내성적인 우리 아이도
시골 학교에 잘 적응했어요"

 강원도 시골 유학 1년 6개월 차로 8살, 6살 두 딸아이를 키우고 있는 엄마입니다. 제가 이렇게 강원도 고성으로 시골 유학을 오게 된 것은 3년 전 릴리맘이 운영했던 한 달 살기 집에 머물면서 릴리가 다니는 학교 이야기를 듣고 시골 학교에 푹 빠졌기 때문입니다. 그렇게 시골앓이를 하며 3년이 지났고, 간절히 바라면 이루어진다고, 아는 사람 하나 없는 고성에 제가 와 있습니다.

 너무나 오고 싶었던 시골 유학이지만 막상 아파트 계약을 하고 나니 더 두렵고 불안했습니다. 릴리맘의 블로그를 들어가보니 제가 계약한 아파트에 살고 계셔서 용기 내어 댓글을 보냈습니다. 시간 되시면 한번 만나달라고요. 그랬더니 흔쾌히 시간을 내주시고 정보를 아낌없이 퍼주셨어요.

 저희 아이의 내성적이고 소극적인 성격 때문에 작은 학교로 오고 싶었던 터라 아이들이 비교적 많은 천진으로 가는 게 그다지 의미가 없다고 생각해 릴리맘에게 조언을 구했더니 몇 군데 학교를 추천해주셨어요. 그 학교들을 상담하면서 아이와 잘 맞을 것 같은 학교를 선택하게 되었습니다.

그 결과 지금 저희 큰딸은 아주아주 즐겁게 학교를 다니고 있어요. 6살 동생은 어린이집을 다니고 있는데 어린이집 또한 너무 만족스럽습니다. 바다가 잘 보이는 놀이터에서 비 오는 날 빼고 매일 바깥놀이를 하는데 매일 까매진 양말과 마스크를 볼 때마다 우리 아이가 잘 크고 있구나 생각이 든답니다. 아이들에게 자연은 가장 좋은 친구라고 생각하는 저는 시골 유학이 너무너무 만족스럽습니다.

아이들이 학교에 가고 나면 이젠 저의 시간입니다. 요즘은 주민자치 프로그램으로 요가를 배우고 있습니다. 주민자치센터의 프로그램만 해도 요가, 미술, 요리 등 다양해요. 시골 유학을 오신 맘들도 아이가 학교를 가면 엄마만의 시간을 잘 활용하기를 바라요. 정말 할 것 많습니다. 그리고 날씨 좋은 날, 바다 앞 커피숍에서의 독서는 바닷가로 시골 유학 온 맘들의 특권입니다.

치앙마이 유니티 국제학교 김민성 교사 이야기

"치앙마이와 닮은
한국의 시골 학교"

치앙마이는 관광과 골프뿐 아니라 교육 도시라는 이미지도 있어 한국 학부모들이 많이 찾습니다. 치앙마이에는 제가 아는 국제학교만 해도 12곳이 넘게 있습니다. 학교는 도심을 조금 벗어나 자연 속에 지어진 곳이 많습니다. 그중 한국 학생들이 많이 다니는 국제학교로는 쁘렘PREM이 있고, 이외에는 LANNA, NIS와 제가 재직 중인 유니티UCIS가 있습니다. 유명한 이중언어학교로는 와리Varee와 ABS 학교가 있습니다.

저는 유니티에서 한국 학생들의 입학을 돕고 관리하는 일을 하고 있습니다. 한국에서 대학교까지 졸업했고, 현재는 가족과 치앙마이에서 살고 있습니다. 저희 아이들도 치앙마이 교육에 만족하고 있습니다. 한국의 초등학교에 비해 분위기가 자유롭고 수영이나 골프 등의 액티비티가 많아 아이들이 즐거워합니다.

릴리는 치앙마이 한 달 살기를 와서 알게 된 아이입니다. 이때의 인연으로 저는 릴리가 시골 유학을 한 강원도 고성을 방문하기도 했었습니다. 릴리맘과 학교 이야기를 나누며 같은 한국인데도 도시와 시골의 교육 차이가 크다는 것을 느낄 수 있었고, 치앙마이 학교를 선택하시는 학부모들과 비슷한 마음으로 시골 학교를 선택한다는 것을 알 수 있었습니다. 바로 아이들이 다양한 체험을 통해 자신을 찾아가는 교육을 위해서라는 것을요.

시골 학교처럼 치앙마이의 학교도 많은 아이들이 경험해봤으면 좋겠습니다. 이중언어학교인 ABS는 하루 이상 단기 등록도 가능합니다. 아이들을 데리고 여행을 오는 학부모 입장에서는 아이들이 영어 수업을 경험할 수 있고, 오전 8시 30분부터 오후 4시까지 아이들을 책임지고 돌봐준다는 것이 큰 장점 아닐까요?

제가 고성을 방문했을 때 본 시골 학교는 한국의 도시 학교와 달리 넓은 운동장에 학교를 둘러싼 커다란 나무도 많았습니다. 승마, 골프, 서핑 등의 체험을 학교에서 할 수 있으니 아이들이 얼마나 즐거워할까요? 그리고 언제든지 놀이터가 되어주는 바다가 가까이 있었습니다. 제가 만약 한국으로 돌아온다면 시골 학교를 선택할 것 같아요. 많은 외국에서 한 달 살기를 통해 다양한 학교를 경험한 릴리맘이기에 '시골로 유학 간다'는 뜻의 '시골 유학'이라는 표현을 쓸 수 있지 않았을까 싶습니다.

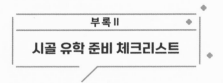

시골 유학 준비 체크리스트

◆ 아래 문항에 우리 가족만의 생각을 적어보세요.

1. 원하는 지역

_____

2. 그 지역을 선택한 이유

_____

_____

3. 그 시골 학교를 선택한 이유

_____

_____

4. 그 지역에서 한 달 살기를 하면서 느낀 장단점

_____

_____

5. 예상 이주 기간

_____

6. 우리 집 예산

_____

7. 시골 유학 동안 배우거나 이루고 싶은 것

_____

_____

◆ O, × 체크해보세요.

1. 학교 답사는 했나요?   (   )

　　답사 예정일 :_____

2. 집은 구했나요?   (   )

　　집 보러 가는 날 :_____

3. 주거지는 정했나요?   (   )

　　아파트 or 주택 _____

4. 이주 날짜는 정했나요?   (   )

　　이주 예정일 :_____

5. 이삿짐 예약은 했나요?   (   )

　　이사 예정일 :_____

6. 학교 전학 신청은 했나요?   (   )

　　전학 예정일 :_____

◆ 집 구할 때 체크리스트

- ☐ 등기 등의 서류는 꼼꼼히 떼어봤나요?

- ☐ 집 가까운 곳에 축사 같은 것은 없나요?

- ☐ 동네의 도로가 사유 도로는 아닌지 확인했나요?

- ☐ 측량이 확실한지 확인했나요?

- ☐ 눈이나 비가 왔을 때 주변 도로는 어떤지 생각해봤나요?

- ☐ 마트가 가깝나요?

- ☐ 병원이 가깝나요?

- ☐ 도시에 남은 가족이 주말에 올 때 교통은 편리한가요?

◆ 학교 선택할 때 체크리스트

- ☐ 학교 선생님과 충분한 상담을 했나요?

- ☐ 학교에 스쿨버스가 있나요? (이동 시간 고려)

- ☐ 아이의 성향에 맞는 학교인가요? 그렇게 생각하는 이유는?

- ☐ 아이가 저학년이라면 방과 후 돌봄교실을 알아봤나요?

- ☐ 방과 후 교실을 확인했나요?(선택인 학교와 전교생이 다 하는 학교가 있음)

◆ 온택트 학습 콘텐츠 고를 때 체크리스트

- ☐ 무료 체험 기간을 이용한 학습 프로그램은 무엇인가요?

- ☐ 아이와 함께 체험을 했나요?

□ 선택한 학습 프로그램은 무엇인가요?

□ 선택한 학습 프로그램의 온택트 튜터와 상담을 해봤나요?

□ 아이의 책상을 거실로 옮겼나요?

□ 책은 언제든지 꺼내어 볼 수 있는 환경을 만들었나요?

□ 문제집 채점은 부모가 직접 해주나요?

□ 아이가 공부할 때 가까이에서 엄마의 시간을 갖나요?

□ 일주일에 한 번, 한 문제라도 화이트보드에 쓰며 설명하게 하고 있나요?

□ 선행, 현행, 후행을 잘 지키고 있나요?

도시맘은 어떻게
시골에서 영재를 키웠나

2022년 12월 02일 초판 1쇄 발행

지 은 이 | 한혜진, 김지우
펴 낸 이 | 서장혁
책임편집 | 장진영
디 자 인 | 지완
마 케 팅 | 윤정아, 최은성

펴 낸 곳 | 봄름
주   소 | 서울특별시 마포구 양화로161 케이스퀘어 727호
T E L | 1544-5383
홈페이지 | www.bomlm.com
E-mail | edit@tomato4u.com
등   록 | 2012.1.11.
I S B N | 979-11-92603-03-2 (13590)

봄름은 토마토출판그룹의 브랜드입니다.